基于电磁暂态仿真的电网故障案例分析技术

韩伟　张峰　李琼林　主编

中国电力出版社
CHINA ELECTRIC POWER PRESS

图书在版编目（CIP）数据

　　基于电磁暂态仿真的电网故障案例分析技术 / 韩伟，
张峰，李琼林主编. -- 北京：中国电力出版社，2025.
4. -- ISBN 978-7-5198-9542-6

　　Ⅰ. TM7

　　中国国家版本馆 CIP 数据核字第 2025L835T7 号

出版发行：中国电力出版社

地　　址：北京市东城区北京站西街 19 号（邮政编码 100005）

网　　址：http://www.cepp.sgcc.com.cn

责任编辑：丁　钊（010-63412393）

责任校对：黄　蓓　郝军燕

装帧设计：郝晓燕

责任印制：杨晓东

印　　刷：北京雁林吉兆印刷有限公司

版　　次：2025 年 4 月第一版

印　　次：2025 年 4 月北京第一次印刷

开　　本：787 毫米 ×1092 毫米　16 开本

印　　张：13

字　　数：292 千字

定　　价：68.00 元

编　委　会

前　言

在加快构建新型电力系统的背景下，电力企业对电网故障的准确分析判断、快速处置提出了更高地要求，随着计算机技术的进步，数字仿真已成为进行故障分析推演的有效工具，广泛应用于电力系统各个领域。

本书基于北京殷图仿真技术有限公司开发的电磁暂态实时仿真系统，采用继电保护装置硬件在环技术，通过时序控制模拟电力系统的各种故障暂态过程，实现了区域电网典型故障案例的反演。此外，通过对电网典型故障时保护安装处的电气量变化特性进行分析总结，帮助继电保护工作人员快速解析故障录波图，以确定故障发展过程、故障范围及故障相别等信息，提高电网故障应急处置分析能力。

由于编者水平有限，书中难免存在疏漏和不妥之处，恳请广大读者批评、指正，以便修订完善，在此谨表示衷心的感谢。

1 电磁暂态仿真平台硬件资源

基于数字动态实时仿真（DDRTS）的电磁暂态仿真平台硬件资源主要包括以数字信号处理器（DSP）和 PCI 总线技术通信卡构成的高速信号通信系统、以数字量与模拟量转换（D/A）转换和开关量的输入、输出（I/O）板卡构成的信号转换及输入、输出系统，以及模拟断路器、电压 / 电流功率放大器等核心资源。本章节主要介绍构成基于 DDRTS 电磁暂态仿真平台硬件资源的详细组件和主要功能。

1.1 常规变电站信号转换箱

主要用于智能变电站待测二次设备模拟信号的输入，负责接收高速光纤通信系统送来的一次系统电压、电流信号，通过数 / 模转换输出交流电压、电流模拟量，通过功率放大器进行功率放大后送至待测二次设备，作为待测二次设备的输入信号源。模拟量信号装置如图 1-1 所示。

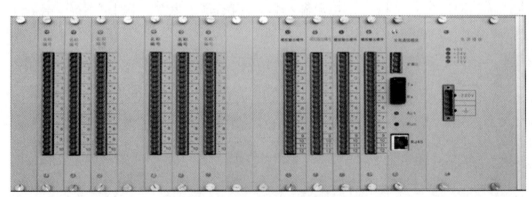

图 1-1　模拟量信号转换装置

1.1.1 外形尺寸
常规变电站信号转换箱外形尺寸如图 1-2 所示。

1.1.2 电源插件
电源插件的槽号为 P1，从装置的背面看，最右端的第一个插件为电源插件。

电源插件的上方有 4 个指示灯，分别为 +5、+24、+15、-15V 的电源指示灯，当相应的指示灯亮时，表示该幅值电压输出正常，正常情况下应全亮，如图 1-3 所示。

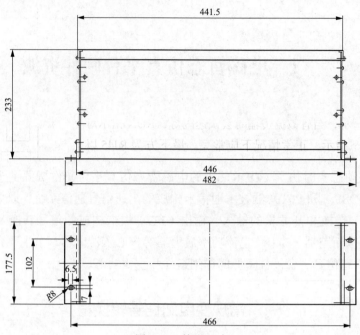

图 1-2　外形尺寸

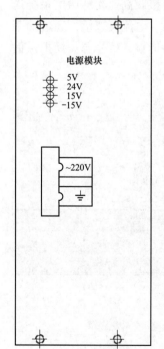

图 1-3　电源插件

指示灯下方为电源输入端子。其中第 1、2 端子为交直流兼容的 220V 输入端，当采用直流电输入时，1 为正电，2 为负电。

电源输入端子的第 3 端子为空，平时可不接。第 4、5 端子为装置接地，正常情况下应接入一可靠接地线，见表 1-1。

表 1-1	电源模块端子定义
端子名称	说　明
1	交流或直流 220V 输入
2	
3	
4	接大地
5	

注　为了增加抗干扰能力，端子 4、5 接大地。

1.1.3　通信插件

通信插件的作用是用来实现信号转换装置和仿真主机通信卡之间的实时数据交互。通信插件一般布置于信号转换装置的中间插槽，因为其左右均会布置功能板块（D/A、

D/I 插件等），这样可使相互之间的电气距离最短并减少干扰。

光电通信模块的最上方为扩展口端子（见表 1-2），该端子为预留用途，目前无须接线。扩展口端子下方为光纤通信口，接口形式一般为 LC 多模双工接头，上为 Tx 发送端，下为 Rx 接收端。光纤通信口下方为两个信号指示灯，ACT 指示灯为通信状态指示，当有数据传输时会快速闪烁；RUN 指示灯为板卡工作状态指示，正常情况下应常亮。最下方为 RJ45 以太网电气接口，可接入 5 类以太网通信线缆，如图 1-4 所示。

表 1-2   **通信模块端子定义**

端子名称	说明	注释
Tx	信号发送端口	为 1310nm 波长，多模 LC
Rx	信号接收端口	光纤接口

光纤接口指示灯：① Run 灯：正常工作时一直闪烁，指示通信模块工作状态正常；② Act 灯：亮表示连接成功，不亮表示连接失败或无连接，闪烁表示有通。

1.1.4 D/I 插件

D/I 插件的功能是接收外部待测装置的开关量动作信号，并将变化信息上送到通信插件，最后将开关量变化信息传回仿真系统。D/I 插件

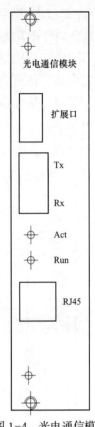

图 1-4 光电通信模块

可接入的信号类型包括空节点和带电平信号（±220V）。每组插件有 10 路开关量输入信号端子（见表 1-3），同一组插件上的开入量信号，其"−"端在内部是短接在一起的，如图 1-5 所示。

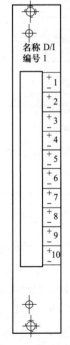

图 1-5 D/I 插件

表 1-3   **模 块 端 子 定 义**

端子名称	说 明
+1	开关输入量 1 正输入端
+2	开关输入量 2 正输入端
+3	开关输入量 3 正输入端
+4	开关输入量 4 正输入端
+5	开关输入量 5 正输入端
+6	开关输入量 6 正输入端
+7	开关输入量 7 正输入端
+8	开关输入量 8 正输入端
+9	开关输入量 9 正输入端
+10	开关输入量 10 正输入端
−1~ −10	负向公共端

1.1.5 D/O 插件

D/O 插件的功能是将仿真系统内部的开关量动作信号发送至外部待测装置，首先由仿真主机将开关量动作信号发送至通信单元插件，然后 D/O 插件将开关量变化信息直接发送至外部待测装置。D/O 插件可接入的信号类型为空节点信号。每组插件有 10 路开关量输出信号端子（见表 1-4），同一组插件上的开入量信号都是互相独立的，如图 1-6 所示。

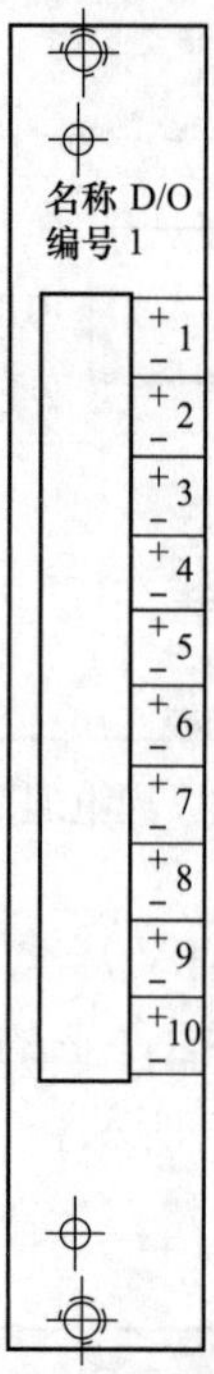

表 1-4　　　　　　　　　　　模 块 端 子 定 义

端子名称	说　明
+1	开关输出量 1
−1	
+2	开关输出量 1
−2	
+3	开关输出量 3
−3	
+4	开关输出量 4
−4	
+5	开关输出量 5
−5	
+6	开关输出量 6
−6	
+7	开关输出量 7
−7	
+8	开关输出量 8
−8	
+9	开关输出量 9
−9	
+10	开关输出量 10
−10	

图 1-6　D/O 插件

1.1.6 D/A 插件

D/A 插件的功能是将仿真系统计算得到的电压、电流数据转换成较小幅值范围的电压信号，并作为驱动信号输出到电压电流功率放大器中，最终放大到与仿真计算结果相符的互感器二次值，最终接入到待测装置中作为工作电压电流量。每组 D/A 插件具有 12 路模拟量输出端子（见图 1-7），其中 1～8 路模拟量信号具有"+、−"两根信号线，9～12 路模拟量信号只有"+"信号线，"−"公共端和前 8 路模拟量信号是共用的（见表 1-5）。D/A 插件的输出范围是 ±10V 峰峰值。

表1-5   模 块 端 子 定 义

端子名称	说　明
+1	模拟输出量1
+2	模拟输出量2
+3	模拟输出量3
+4	模拟输出量4
+5	模拟输出量5
+6	模拟输出量6
+7	模拟输出量7
+8	模拟输出量8
9	模拟输出量9
10	模拟输出量10
11	模拟输出量11
12	模拟输出量12
−1~ −8	负向公共端

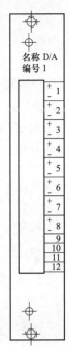

图1-7　D/A 插件

1.1.7　A/D 插件

A/D 插件的功能是采集待测装置输出的电压量信号，并上送到通信插件中，最终送回仿真系统来作为仿真控制元件的信号量。每组 A/D 插件具有12路模拟量输出端子（见图1-8），其中1~8路模拟信号具有"+、−"两根信号线，9~12路模拟量信号只有"+"信号线，"−"公共端和前8路模拟量信号是共用的（见表1-6）。A/D 插件的输入范围是 ±10V 峰峰值。

表1-6   模 块 端 子 定 义

端子名称	说　明
+1	模拟输入量1
+2	模拟输入量2
+3	模拟输入量3
+4	模拟输入量4
+5	模拟输入量5
+6	模拟输入量6
+7	模拟输入量7
+8	模拟输入量8
9	模拟输入量9
10	模拟输入量10
11	模拟输入量11
12	模拟输入量12
−1~ −8	负向公共端

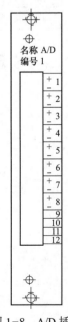

图1-8　A/D 插件

1.2 智能变电站信号转换箱

信号转换装置主要用于智能站中二次设备数字信号的输入，负责接收"高速光纤站通信系统"送来的一次系统电压、电流信号，将其按 IEC 60044-8-FT3 或 IEC 61850-9-2 标准协议打包，再通过数字量合并单元或模拟合并单元与数字化保护装置连接，如图 1-9 所示。

图 1-9　智能站信号转换装置

1.2.1　外形尺寸

智能变电站信号转换箱外形尺寸如图 1-10 所示。

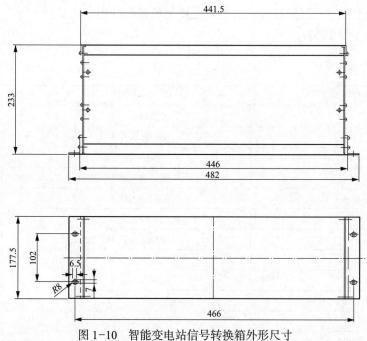

图 1-10　智能变电站信号转换箱外形尺寸

1.2.2 电源插件

电源插件的槽号为 P1，从装置的背面看，最右端的第一个插件为电源插件。

电源插件的上方有 4 个指示灯，分别为 +5、+24、+15、−15V 的电源指示灯，当相应的指示灯亮时，表示该幅值电压输出正常，正常情况下应全亮（见图 1−11）。

指示灯下方为电源输入端子。其中第 1、2 端子为交直流兼容的 220V 输入端，当采用直流电输入时，1 为正电，2 为负电。

电源输入端子的第 3 端子为空，平时可不接。第 4、5 端子为装置接地，正常情况下应接入一可靠接地线，见表 1−7。

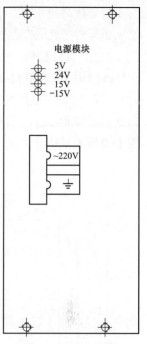

图 1−11　电源插件

表 1−7　　　　　电源模块端子定义

端子名称	说　明
1	交流或直流 220V 输入
2	
3	
4	接地
5	

注　为了增加抗干扰能力，端子 4、5 接地。

1.2.3 通信插件

光电通信模块的最上方为扩展口端子，该端子为预留用途，目前无须接线。扩展口端子下方为光纤通信口，接口形式一般为 LC 多模双工接头，上为 Tx 发送端，下为 Rx 接收端（见图 1−12）。光纤通信口下方为两个信号指示灯，ACT 指示灯为通信状态指示，当有数据传输时会快速闪烁；RUN 指示灯为板卡工作状态指示，正常情况下应常亮。最下方为 RJ45 以太网电气接口，可接入 5 类以太网通信线缆（见表 1−8）。

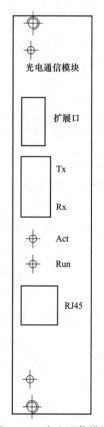

图 1−12　光电通信模块

表 1−8　　　　　通信模块端子定义

端子名称	说　明	注　释
Tx	信号发送端口	为 1310nm 波长，多模 LC 光纤接口
Rx	信号接收端口	

光纤接口指示灯：① Run 灯：正常工作时一直闪烁，指示通信模块工作状态正常；② Act 灯：亮表示连接成功，不亮表示连接失败或无连接，闪烁表示有通。

1.2.4 D/I 插件

D/I 插件的功能是接收外部待测装置的开关量动作信号，并将变化信息上送到通信插件，最后将开关量变化信息传回仿真系统（见图 1-13）。D/I 插件可接入的信号类型包括空节点和带电平信号（±220V）。每组插件有 10 路开关量输入信号端子，同一组插件上的开入量信号，其"-"端在内部是短接在一起的（见表 1-9）。

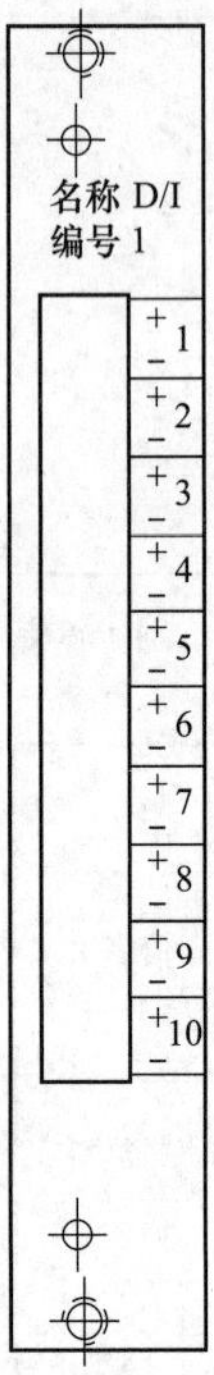

表 1-9　　　　　　　　　　　　D/I 插 件 端 子 定 义

图 1-13　D/I 插件

端子名称	说　明
+1	开关输入量 1 正输入端
+2	开关输入量 2 正输入端
+3	开关输入量 3 正输入端
+4	开关输入量 4 正输入端
+5	开关输入量 5 正输入端
+6	开关输入量 6 正输入端
+7	开关输入量 7 正输入端
+8	开关输入量 8 正输入端
+9	开关输入量 9 正输入端
+10	开关输入量 10 正输入端
-1~-10	负向公共端

1.2.5 光扩展插件

光扩展插件的功能是接入更多的常规变电站信号转换装置或智能站信号转换装置（见图 1-14）。带有光扩展插件的信号转换装置作为上层接口，通过光扩展插件来扩展下一级更多的信号转换装置。每个光扩展插件具有 4 组光纤接口，即可向下扩展接入 4 个信号转换装置（常规或智能），每组光纤接口按 Tx-Rx 排列，即输出在上、输入在下。插件的最下方是 4 个指示灯，对应 4 组光纤接口。当指示灯常亮时，说明光纤链路是正常的（见表 1-10）。在正常工作状态下，当有数据传输时，相应光接口的指示灯会快速闪烁。

表 1-10 光扩展插件端子定义

端子名称	说　明	注　释
Tx1	发送端口 1	
Rx1	接收端口 1	
Tx2	发送端口 2	
Rx2	接收端口 2	为 1310nm 波长，4 路多模光纤接口
Tx3	发送端口 3	
Rx3	接收端口 3	
Tx4	发送端口 4	
Rx4	接收端口 4	

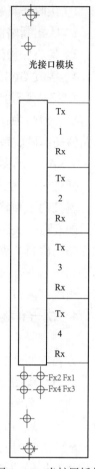

图 1-14　光扩展插件

1.3　模 拟 断 路 器

开关装置可模拟隔离开关、断路器的动作行为，作为继电保护及自动装置带开关整组系统传动试验时实际隔离开关、断路器的替代设备，其动作准确、可靠，可大大提高试验的正确性与完整性，是继电保护试验工作的重要配套设备。模拟断路器装置如图 1-15 所示。

图 1-15　模拟断路器装置

1.3.1　电源插件

插件编号为 6 号。模拟断路器需要工作电源，现场的两路直流 220V 或 110V 接入电源插件，经切换回路，给开关电源模块，经变换后输出直流 24V。合跳闸延时回路也在此插件上。

1.3.2　智能插件

插件编号为：1 号。智能插件有三个光纤口，用于对外连接。

1）接收仿真系统中心下发的命令，操作断路器合闸跳闸、设置断路器本体故障。

2）收集断路器的合闸、跳闸动态，位置信号，上传给仿真系统中心。

3）接收保护侧操作箱的合闸、跳闸指令，操作断路器合闸、跳闸。

4）接收 GPS 系统的校时信号。

1.3.3　手动操作插件

插件编号为：2 号。前面板上的按钮通过内部线缆连接到操作插件，就能送出控制断路器的合闸、跳闸、设置断路器本体故障、信号显示、信号复归等命令。

1.3.4　合闸跳闸插件

插件编号为：3 号。手动合闸、保护自动合闸、两组跳闸出口节点接到本插件入口，就接通了断路器合闸线圈的控制回路，合闸、跳闸控制的电流回路采用无触点电子开关的开启、关断，解决了直流断弧问题，保护了保护装置和断路器合闸、跳闸线圈控制回路的出口节点。合闸回路和主跳闸回路由第一路电源提供工作电压，副跳闸回路由第二路电源提供工作电压。X3-10 是为操作箱提供的自动合闸入口，X3-11 是操作箱第一组跳闸入口，X3-12 是操作箱第二组跳闸入口。

1.3.5　合闸跳闸线圈插件

插件编号为：5 号。此插件模拟断路器的合闸线圈、主跳闸线圈、副跳闸线圈。并为操作箱的两个合位监视准备好通路。

1.3.6　辅助触点插件

插件编号为：4 号。断路器本体的防跳功能设在本插件，X4-3，4 连接，防跳功能投上，X4-3，4 断开则取消断路器本体防跳功能。辅助触点插件使断路器送出 5 组动合、6 组动断辅助节点。其中 X4-7，8 是一组动断节点，X4-7 连着负电源，X4-8 是为操作箱提供的跳位监视入口。

1.4　功 率 放 大 器

功率放大器信号通道主要用于模拟变电站互感器设备的二次输出，可直接接入常规变电站保护的交流输入端子，或智能变电站合并单元的交流输入端子。其输入信号为模拟量小信号通道的输出，经过功率放大后，直接驱动下级设备。具有信号精度高、延迟小等特点。功率放大器装置如图 1-16 所示。

图 1-16　功率放大器装置

1.4.1 电流放大器参数及性能

电流放大器参数及性能见表1-11。

表 1-11　　　　　　　　　　　电流放大器参数及性能

项目		技术指标 / 配置
供电电源	交流供电	（1±20%）×220V（47～63Hz）
	功率	<2000VA，10A
电流放大器	型号	SA40-12
	额定输出电流	12 相 5A 正弦波有效值
	最大输出电流	12 相 40A 正弦波有效值
	增益特性	5.657A/V（输出电流与输入信号关系）
	输入阻抗	>10kΩ，输入端为高抗干扰差分电路
	输入信号与输出电流的非线性误差	<0.2%（0.2～40A）
	输入与输出延时（50Hz）	<10μs，输出电流与输入信号的相位保持一致
	输出电流总谐波畸变率	<0.2%
	阶跃响应	<10μs
	最大输出功率	>270VA/ 相
	输出电流的负载变化率	<0.2%（0～2Ω，输出电流 5A）
	带宽	±1dB（≥5kHz）
相位准确性	电流之间相位误差	<±10μs
	电流频率 50Hz 输出时相位误差	<0.1°
特殊功能		放大器暂停或异常，放大器背板端子有空接点输出可接给仿真系统
		仿真系统可远程控制放大器的启动或暂停
结构与布置		4U 标准机箱，电压、电流在前后面板均有端子输出，输入信号端子后面板上
箱体尺寸及重量		整机尺寸：440mm×180mm×360mm（$H \times W \times D$）
		整机重量：<18.8kg

1.4.2 电压放大器参数及性能

电压放大器参数及性能见表1-12。

表 1-12　　　　　　　　　　　电压放大器参数及性能

项目		技术指标 / 配置
供电电源	交流供电	（1±20%）×220V（47～63Hz）
	功率	<2000VA，10A

续表

项目		技术指标 / 配置
电压放大器	型号	SA130-24
	额定输出电压	24 相 57.735V，正弦波有效值
	最大输出电压	24 相 130V，正弦波有效值
	增益特性	18.388V/V（输出电压与输入电压的关系）
	输入阻抗	＞10kΩ（输入端为高抗干扰差分电路）
	输入信号与输出电压的非线性误差	＜0.2%（2～120V 输出电压）
	输入与输出延时（50Hz）	＜10μs；电压放大器输出电压与输入信号的相位保持一致
	输出电压总谐波畸变率	＜0.2%（2～120V 输出电压）
	阶跃响应	＜20μs
	最大输出功率	＞60VA
	输出电压的负载变化率	＜0.2%（0～30VA 输出功率，输出 57.7V）
	带宽	±1dB（≥5kHz）
相位准确性	电压之间相位误差	＜±10μs
	电压频率 50Hz 输出时相位误差	＜0.1°
特殊功能		放大器暂停或异常，放大器背板端子有空接点输出可接给仿真系统
		仿真系统可远程控制放大器的启动或暂停
结构与布置		4U 标准机箱，电压、电流在前后面板均有端子输出，输入信号端子在后面板上
箱体尺寸及重量		整机尺寸：440mm×180mm×360mm（$H×W×D$）
		整机重量：＜18.8kg

主要硬件配置为 12 相 40A 电流源，单相输出功率 270VA，采用标准 4U 全铝合金、电磁兼容机箱，前后都有输出端子，方便安装使用；采用 DSP 及 ARM 双 CPU 实时控制及显示相关参数，提高仪器的智能化；仪器具有电压短路、过载、过热显示及保护报警功能，电流开路、过载、过热显示及保护报警功能；仪器具有远程控制信号接口输入，正常工作接点信号输出、装置异常接点信号输出等。能输出准确的负荷电流，小信号输出精度高；交直流放大器，直流特性好。采用特殊的元器件和电路结构，保证电流、电压放大器在连续工作较高温升的情况下，仍有很好的直流特性、低失调、低漂移；长时间连续工作，仍保持稳定可靠。

2 电磁暂态继电保护硬件在环试验环境

继电保护硬件在环试验（见图 2-1），通过 DDRTS 电磁暂态仿真系统搭建虚拟一次电网系统（包括电源、线路、变压器、断路器等元件），模拟电网运行中模拟各种故障，将故障电气量以 IEC 61850 协议的数字量或通过功率放大器施加给实际保护装置，开展包括区内外金属性故障、经过渡电阻短路、跨线故障、发展性故障、永久性故障、系统振荡、距离保护暂态及静态超越等各类复杂故障保护试验，充分验证继电保护逻辑动作正确性、继电保护定值合理性、安稳系统控制策略的正确性。

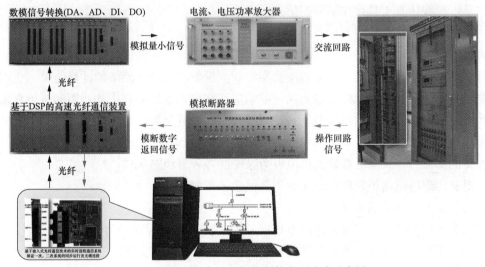

图 2-1 电磁暂态继电保护硬件在环试验示意图

在电力系统的研究领域中，所使用的仿真技术大体可分为两大类：物理仿真和数字仿真。

物理仿真的主要思路就是通过将实际电力系统的元件按一定比例进行缩小，例如用小容量的发电机代替实际大容量发电机，小型电动机代替实际系统中的大电机负荷等，然后按实际系统接线将这些等比例缩小后的物理模型连接起来，就组成了一个物理仿真系统，称为"动模仿真系统"。物理仿真的局限性体现在模拟的规模不能太大，否则搭建和调试整个模型系统所需要的时间可能是无法承受的。

数字仿真的思路是在计算机等数字计算工具平台上搭建电力系统元件的数学模型，然后通过各种数值算法对这些数学模型所组成的网络进行求解。数字仿真的优点主要体现在不受仿真规模的限制、建模和调试时间短、试验环境安全可靠、试验花费小等。随着计算机等数字技术的不断发展，数字仿真技术已经成为电力系统科研和试验工作中主要使用的仿真手段。当然，数字仿真的前提就是对需要模拟的对象能建立详细数学模型。如果缺乏相关的数学建模，仍需通过物理仿真的方式对系统特性进行研究，建立详细的数学模型。所以物理仿真和数字仿真在某些方面仍需互相补充的。数字仿真又可分为离线仿真和实时仿真两大类。

离线仿真的特点是仿真计算的时间不确定，仿真运行的整个过程和真实的时间坐标是不对应的。例如仿真一个实际电力系统几分钟的过程，计算时间可能需要几十秒甚至是更长的。目前常用的电力系统离线仿真工具有电磁暂态、PSCAD/EMTDC、NETOMAC 等，另外在常用工程计算软件 Matlab 的 Simulink 中也提供了电力系统仿真工具包 SimPowerSystem。这些仿真工具的正确性都得到了验证，广泛应用于电力系统的系统分析和研究工作。这些离线仿真软件在积分方法中一般都使用数值稳定性好的隐式梯形积分法，能直接模拟系统三相的暂稳态过程；具有各种元件的详细数学模型，能模拟电力系统各种暂态现象包括非线性过程。由于是离线仿真，对仿真速度没有过多要求，所以离线仿真工具往往不限制仿真的规模。

实时仿真的特点是仿真运行的整个过程必须要和真实的时间坐标互相对应。同样是仿真，一个实际电力系统几分钟的过程，离线仿真工具所花费的时间可以是几十秒甚至更长，而实时仿真工具就必须在对应真实时间坐标的时刻给出系统的计算结果。正因为实时仿真能更"真实"地模拟电力系统的响应，在电力系统研究中常使用实时仿真来进行实际装置的试验。例如将控制保护装置接入实时仿真装置，则在模拟电力系统发生各种短路故障时，从控制保护装置感受的好像是真实电力系统的电压、电流信号，通过这种完整的交互过程就能更准确地模拟电力系统的各种暂稳态响应。

电磁暂态继电保护硬件在环实时仿真试验步骤如下：

（1）变电站一次系统建模。

（2）搭建变电站模拟量采样或 IEC 61850 纯数字化 SMV 采样通信。

（3）搭建变电站模拟量开关量或 IEC 61850 纯数字化 GOOSE 开关量模式。

（4）继电保护装置配置。

（5）根据实际需求设置电网故障。

2.1　变电站一次与二次通信系统建模

变电站一次电网系统建模，为开展继电保护动作逻辑或安稳系统控制策略验证等相关工作，都要基于一次电网的精细化建模仿真，包括如发电机、变压器、输电线路、互感器等电力系统元件模型。变电站二次通信系统建模，主要分智能变电站二次通信建模和常规变电站二次通信建模两种模式。

2.1.1　智能变电站二次通信建模方法

首先介绍智能变电站 DDRTS 电磁暂态仿真系统的建模方法，智能变电站 DDRTS

电磁暂态仿真系统与保护可实现纯模拟量通信、纯数字化 IEC 61850 通信、数字模拟量混合仿真通信三种模式。

2.1.1.1　模式 1（模拟量通信）

DDRTS 电磁暂态仿真系统将故障电气量通过功率放大器施加到合并单元装置，开关位置通过模拟断路器电气量反馈给仿真系统。该模式最接近实际变电站运行方式，存在运行维护工作量小、故障仿真实现简单、投入费用最多的特点，如图 2-2 所示。

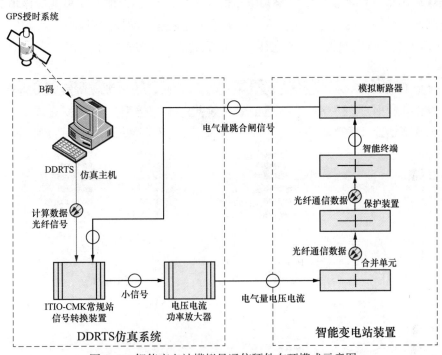

图 2-2　智能变电站模拟量通信硬件在环模式示意图

2.1.1.1.1　配置模拟量输出通道

设置模拟量输出通道步骤如下：

在"工程"菜单上，单击"模拟量输出通道配置…"菜单项，则会弹出相应的设置对话框，如图 2-3 所示。

上方是五个按钮，功能分别介绍如下：

（1）增加配置信息。增加一行配置信息，该配置信息将仿真计算结果中的某一个量（电压或者电流）和物理接口（实际的物理信号输出端口）关联起来。主要的配置选项描述如下：

1）信号箱编号。对应实际物理输出终端的编号（观察前面板 LED 所显示的数字即可，如果是 1 就填 1.1，如果是 2 就填 1.2，以此类推。鼠标点击该区域后即可用键盘直接输入。

2）通道编号。根据实际物理输出终端的配置额定，假设单台物理输出终端的模拟量输出通道总数是 8，即可填 1~8 中间的任何一个数字。鼠标点击该区域后即可用键盘直接输入。

3）输出信号。下拉框可选择需要输出的元件信号。一般来说，是否选择电压量或电流量取决于实际物理终端的内部配置（参考该装置的硬件说明书）。例如，若某物理输出终端的通道1规定只能输出电压量，那么应在下拉框里面选择可输出电压量的元件（例如上图中的CVT元件）。

4）额定值。填入物理输出终端的电压/电流通道的放大倍数。例如，如果这个通道是电压输出量，参考硬件手册得知电压的放大倍数是20，那么这里就应该填20。鼠标点击该区域后即可用键盘直接输入，电流输出通道也是同样的道理。

5）待测装置额定输入。无论电压还是电流通道，一般都填1。

图2-3 智能变电站模拟量输出通道配置示意图

（2）删除配置信息。删除选中的某条配置信息（见图2-3的第1条记录，最左边有一个三角形的符号，表示选中状态）。

（3）增加全部通道。尚在测试中，不要使用该按钮。

（4）导出配置信息。如果配置好了所有的通道信息，点击这个按钮可将这些信息单独保存到电脑中的某个配置文件里，供日后导入使用。

（5）导入配置信息。可导入之前配置好的配置文件里面的所有通道信息。

2.1.1.1.2 配置开关量输入通道

在进行保护装置的闭环试验时，需要将系统图页上模拟电力系统中的数字断路器通过DDRTS系统的I/O端口与保护装置的动作信号连接起来。这就需要进行开关量输入的端口设置，即通过I/O卡端口引入保护装置动作信号来控制数字断路器的跳合。

在实时闭环试验的前提下，点击"工程"菜单中的"I/O输入端口配置"选项，就会弹出相应的设置对话框，如图2-4所示。

图 2-4 智能变电站开关量输入通道配置示意图

最上方有四个按钮，作用分别描述如下：

（1）增加端口配置。增加一行配置信息，该配置信息将电网系统中某个元件（一般是断路器）状态和实际物理输出装置的开关量输入通道关联起来；以上图为例，可看到每行配置信息有以下的配置选项：

1）卡、端口、信号箱。对应实际物理输出终端的编号（观察前面板 LED 所显示的数字即可，如果是 1 就填 1.1，如果是 2 就填 1.2，以此类推。鼠标点击该区域后即可用键盘直接输入。

2）通道。根据实际物理输出终端的配置额定，假设单台物理输出终端的开关量输入通道总数是 8，也就是可填 1~8 中间的任何一个数字。鼠标点击该区域后即可用键盘直接输入。

3）元件名称。下拉框可选择需要关联的电力系统元件，对于开关量输入来说，最常见的就是选择断路器。

4）动作相。对于断路器，如果是分相动作（ABC 独立动作）的类型，就选择特定的某相即可；如果是三相同时动作（例如跳闸统一都是三跳）的类型，就选择三相。

5）=TRUE 时状态。表示该开关量输入通道如果发生变位（例如对于空结点信号来说，就是闭合），该元件的状态会发生什么变化。例如，若该通道需要接收跳闸信号，这里就应该选择断开；若需要接收合闸信号，这里就应该选择闭合。

6）开关无效。这是一个软屏蔽开关，用来模拟物理通道发生故障的情形。正常情况下这里是"通道正常"，如果鼠标点击一下就会变成红色的"开关失效"，这样即使外部物理端口有信号进来也会被软件屏蔽。它的主要作用就是在不用改动装置接线的情况下，模拟现场物理通道发生故障的情形。

（2）删除端口配置。删除选中的某条配置信息（见图 2-4 的第 1 条记录，最左边有一个三角形的符号，表示选中状态）。

（3）导出配置信息。如果配置好了所有的通道信息，点击这个按钮可将这些信息单独保存到电脑中的某个配置文件里，供日后导入使用。

（4）导入配置信息。可导入之前配置好的配置文件里面的所有通道信息。

2.1.1.1.3　配置开关量输出通道

系统可输出开关量，在保护装置闭环试验中必须实现断路器状态由仿真系统来控制，并实现电网潮流流通与阻断。

在"工程"菜单上，单击"I/O 输出端口配置…"菜单项，将弹出图 2-5 的 I/O 输出端口配置对话框，可进行输出端口的配置。

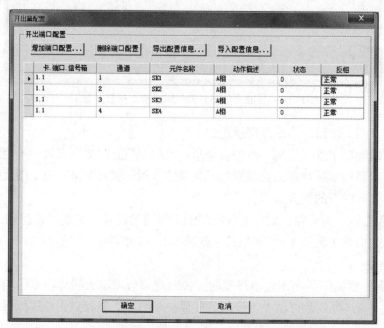

图 2-5　智能变电站开关量输出通道配置示意图

最上面是四个按钮，作用分别描述如下：

（1）增加端口配置。增加一行配置信息，该配置信息将电网系统中某个元件（一般是断路器）状态和实际物理输出装置的开出量输入通道关联起来，以图 2-5 为例，可看到每行配置信息有以下的配置选项：

1）卡、端口、信号箱。对应实际物理输出终端的编号（观察前面板 LED 所显示的数字即可），如果是 1 就填 1.1，如果是 2 就填 1.2，以此类推。鼠标点击该区域后即可用键盘直接输入。

2）通道。根据实际物理输出终端的配置额定，假设单台物理输出终端的开关量输入通道总数是 8，也就是可填 1~8 中间的任何一个数字。鼠标点击该区域后即可用键盘直接输入。

3）元件名称。下拉框可选择需要关联的电力系统元件，对于开关量输入，最常见的就是选择。

4）动作描述。对于断路器，如果是分相动作（ABC 独立动作），就选择特定的某相即可；如果是三相同时动作（例如跳闸统一都是三跳），任选一相即可（如 A 相），一般这里不要选择"三相"。

5）状态。保持默认值 0 即可。

6）反相。一个输出端口对应一个开关一相状态的输出，默认开关断开为高电平输出，闭合为低电平输出。每一路可取反状态输出，只需要鼠标点击一下即可，该位置会变成"反相"标志，该路信号也将取反状态输出。

（2）删除端口配置。删除选中的某条配置信息（见图 2-5 的第 1 条记录，最左边有一个三角形的符号，表示选中状态）。

（3）导出配置信息。如果配置好了所有的通道信息，点击这个按钮可将这些信息单独保存到电脑中的某个配置文件里，供日后导入使用。

（4）导入配置信息。可导入之前配置好的配置文件里面的所有通道信息。

2.1.1.2　模式 2（纯数字化 IEC 61850 通信）

DDRTS 电磁暂态仿真系统将故障电气量通过 IEC 61850 协议 SMV 施加到合并单元装置，开关位置通过智能终端 GOOSE 或保护跳合闸信息反馈给仿真系统，该模式最节省智能二次设备、投入费用最少，如图 2-6 所示。

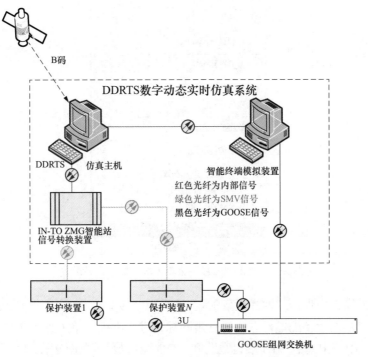

图 2-6　智能变电站纯数字化 IEC 61850 通信示意图

将仿真模式设置为"实时闭环方式",仿真参数设置如图2-7所示。

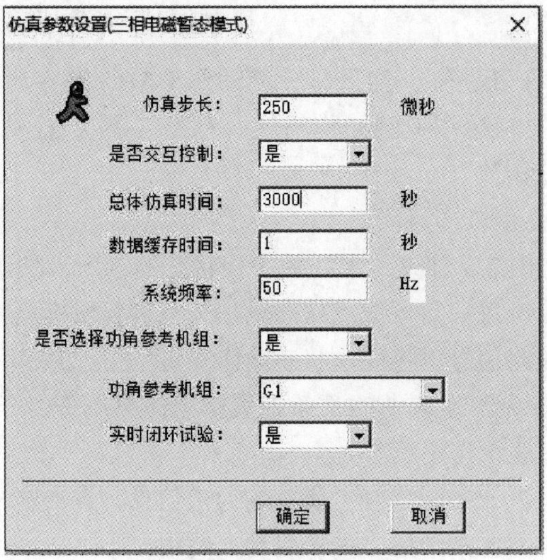

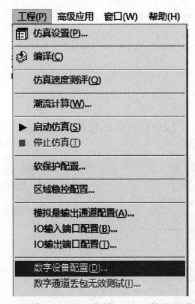

图2-7 仿真参数设置

注意:"仿真步长"应设置为250μs。

点击"工程"菜单下的"数字设备配置"(见图2-8)。

图2-8 点击"工程"菜单下的"数字设备配置"

在弹出的窗口中点击"增加设备配置"(见图2-9)。

点击新增加的设备配置行右边的三角图标,进入下级菜单(见图2-10)。

设置"SMV端口数""DI端口数"和"DO端口数"(见图2-11)。

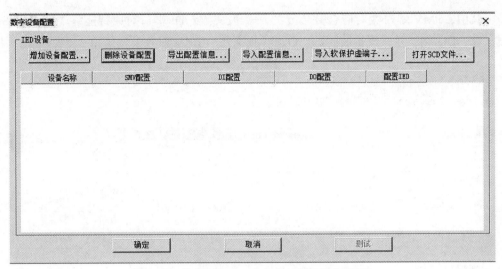

图 2-9　在弹出的窗口中点击"增加设备配置"

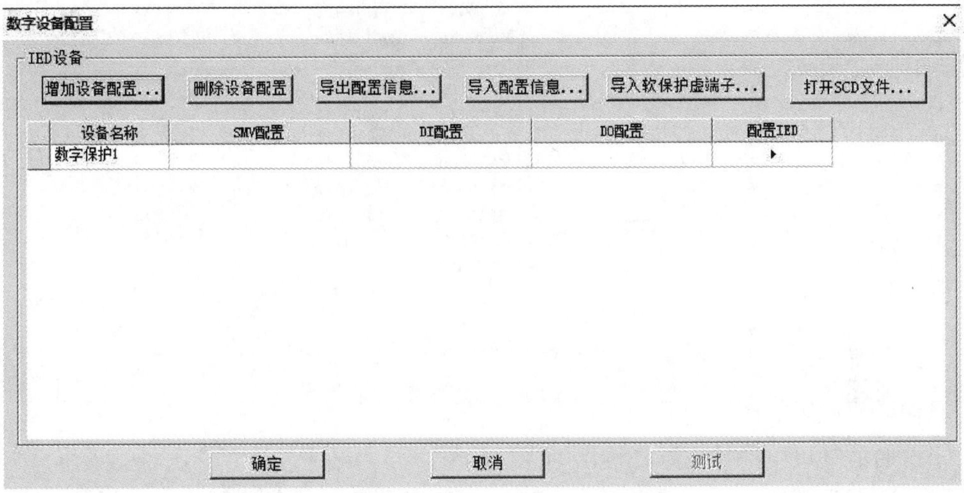

图 2-10　点击新增加的设备配置行右边的三角图标

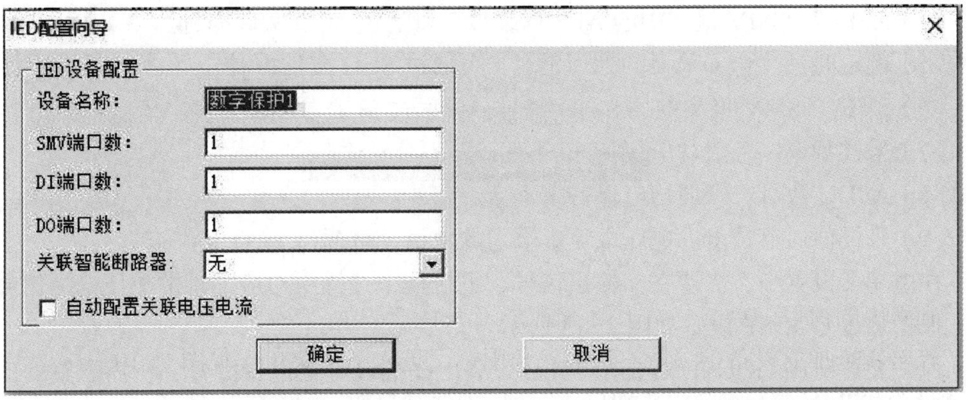

图 2-11　设置"SMV 端口数""DI 端口数"和"DO 端口数"

其中，SMV 端口数对应合并单元的 9-2 报文数，DI 端口对应智能终端的 GOOSE 报文数，DO 端口对应保护装置的 GOOSE 报文数。SMV 参数设置如图 2-12 所示。

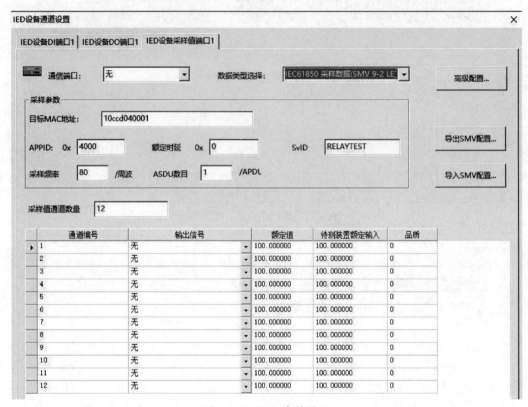

图 2-12　SMV 参数设置

具体需要配置的区域说明如下：

（1）通信端口。下拉框选择输出的光口编号。

（2）数据类型选择。可选择 9-1、9-2、FT3 等类型，根据需要进行选择。

（3）目标 MAC 地址。接收该 SMV 报文装置的 MAC 地址，可通过 SCD 文件查看。

（4）APPID。SMV 报文中的 APPID 编号，可通过 SCD 文件查看。

（5）额定时延。合并单元的处理延迟，可通过 SCD 文件查看。

（6）SVID。SMV 报文中的 SVID 编号，可通过 SCD 文件查看。

（7）采样频率。一般均应保持 80 不变。

（8）ASDU 数目。一般均应保持 1 不变。

（9）采样值通道数量。电压电流虚端子的数量，可通过 SCD 文件查看。

在虚端子设置中，需要在"输出信号"下拉框中选择所对应元件的电压电流信号即可。保护装置 GOOSE 设置如图 2-13 所示。

保护装置跳闸 GOOSE 需要在"IED 设备 DO 端口"页进行配置，所需配置的区域说明如下：

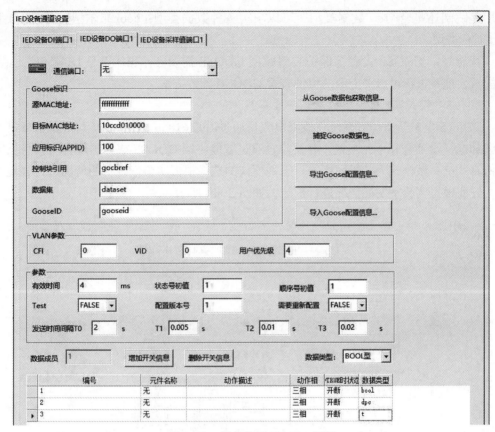

图 2-13 保护装置 GOOSE 设置

（1）通信端口。下拉框选择输出的光口编号。

（2）源 MAC 地址。智能终端的 MAC 地址，可通过 SCD 文件查看。

（3）目标 MAC 地址。接收该报文的保护装置 MAC 地址，可通过 SCD 文件查看。

（4）APPID。SMV 报文中的 APPID 编号，可通过 SCD 文件查看。

（5）控制块引用。GOOSE 报文中的控制块引用编号，可通过 SCD 文件查看。

（6）数据集。GOOSE 报文中的数据集编号，可通过 SCD 文件查看。

（7）GOOSEID。GOOSE 报文中的 GOOSEID 编号，可通过 SCD 文件查看。

（8）VLAN 参数。GOOSE 报文的 VLAN 参数，一般仅需要配置 VID（即 VLAN ID），可通过 SCD 文件查看。

（9）有效时间。即 GOOSE 报文的生存时间或 TTL 时间，可通过 SCD 文件查看。状态号初值、顺序号初值、Test、配置版本号、需要重新配置一般均不需要修改。

（10）发送时间间隔。即 GOOSE 报文的正常间隔时间，可通过 SCD 文件查看。T1、T2、T3 一般均无须修改。

GOOSE 报文中的虚端子数量，可通过"增加开关信息"和"删除开关信息"来实现逐行配置的修改。在虚端子配置行中，需要在"元件名称"下拉框中选择虚端子对应的一次元件；"动作相"下拉框中可对应分相或三相；"True 时状态"意味着该虚端子的作用是跳闸还是合闸;"数据类型"可以填写三种数据类型:bool 布尔型、dpc 双点型和 t 时标类型。

智能终端 GOOSE 设置:保护装置跳闸 GOOSE 需要在"IED 设备 DI 端口"页进行配置,配置过程可参考上面的保护装置 GOOSE 配置方法。

2.1.1.3 模式 3(数字模拟量混合仿真)

DDRTS 电磁暂态仿真系统将故障电气量通过 IEC 61850 协议 SMV 与通过功率放大器施加电气量到合并单元装置,开关位置通过智能终端 GOOSE 或保护跳合闸信息反馈给仿真系统,该模式为较精简模式。三种模式的选择根据实验室设备的情况进行合理选择,进而根据实验室发展情况进行扩建,如图 2-14 所示。

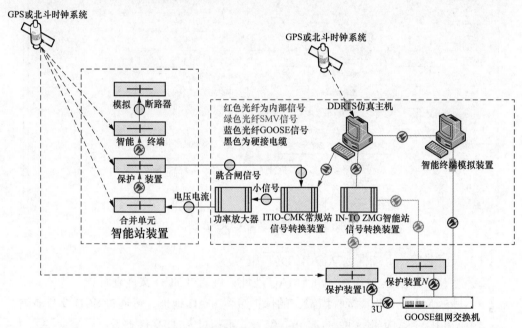

图 2-14 智能站数字模拟混合仿真示意图

2.1.2 常规变电站二次通信建模方法

常规变电站保护装置采样的电压、电流信号,主要由常规互感器通过二次电缆直接接入保护装置采样板卡,并不存在合并单元、智能终端、IEC 61850 通信的 SMV、GOOSE 信息,因此常规变电站二次通信建模,必须采用功放、模拟断路器形式建立继电保护硬件在环试验环境,如图 2-2 所示。

2.2 典 型 故 障 设 置

2.2.1 线路故障

线路故障如图 2-15 所示。

元件库中选择输电线(故障点)元件如图 2-16 所示。

其中线路参数设置参考 2.5 节输电线路介绍，故障点设置可选择线路故障位置，根据需要进行设置。

图 2-15　线路故障

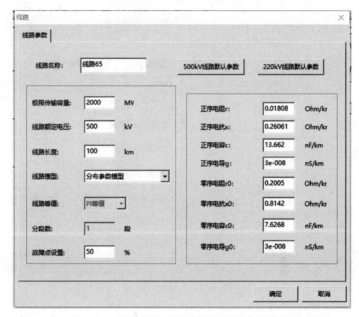

图 2-16　元件库中选择输电线（故障点）元件

2.2.2　单相、两相、三相故障

单相、两相、三相故障如图 2-17 所示。

元件库选择故障元件，将三相故障拖进工程界面，如图 2-18 所示。

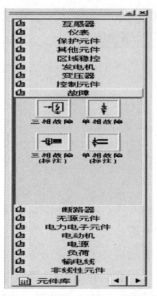

图 2-17　单相、两相、三相故障

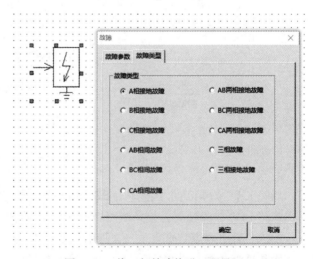

图 2-18　将三相故障拖进工程界面

可进行单相故障、相间故障、三相故障类型选择（见图 2-19）。

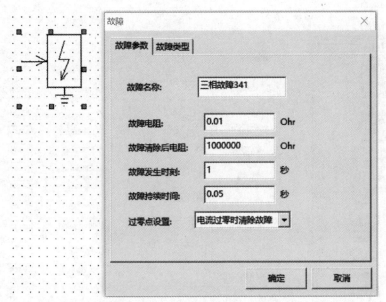

图 2-19 单相故障、相间故障、三相故障类型选择

故障参数界面，可进行接地故障电阻、相间故障电阻设置。

2.2.3 跨线故障

如图 2-20 所示，双回线输电线 20% 位置发生 LR1 线路 A 相跨接到 LR2 线路 B 相，发生双回线 AB 相跨接故障，其中相关设置如下：

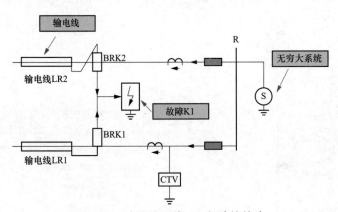

图 2-20 发生双回线 AB 相跨接故障

线路 LR1 故障位置为整条线路 20% 位置，设置如图 2-21 所示。

线路 LR2 故障位置为整条线路 20% 位置，设置如图 2-22 所示。

BRK1 断路器设置如图 2-23 所示设置，初始状态为断开，不由外部继电器控制，动作次数选择 1 次，动作时间为发生故障的起始时刻，可根据仿真需要进行设置，动作时刻相别为 A 相合位，B、C 相分位。

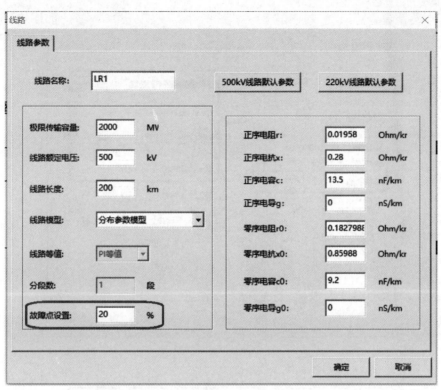

图 2-21 线路 LR1 故障位置为整条线路 20% 位置设置

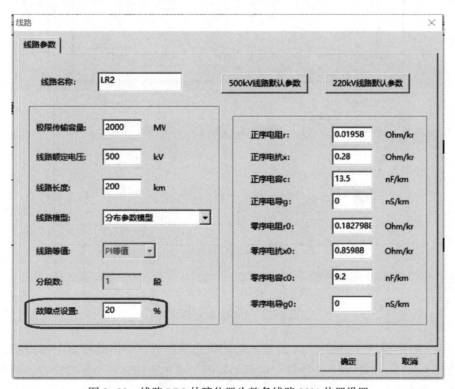

图 2-22 线路 LR2 故障位置为整条线路 20% 位置设置

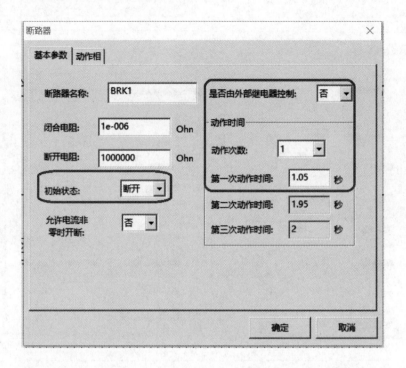

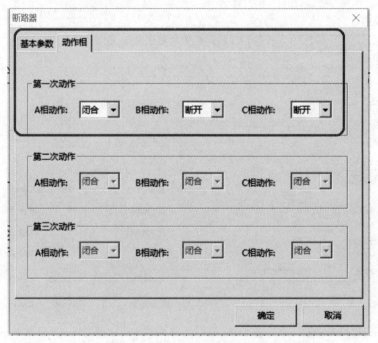

图 2-23 BRK1 断路器设置

BRK2 断路器设置如图 2-24 设置，初始状态为断开，不由外部继电器控制，动作次数选择 1 次，动作时间为发生故障的起始时刻，可根据仿真需要进行设置，动作时刻相别为 B 相合位，A、C 相分位。

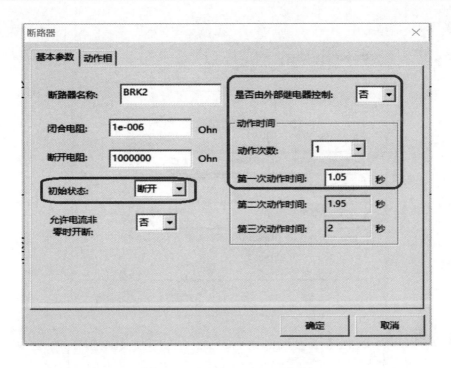

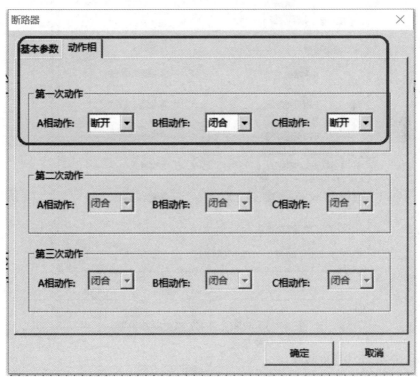

图 2-24 BRK2 断路器设置

将故障元件 K1 相关参数设置如图 2-25 所示，故障电阻为 0.001Ω，故障发生时刻与断路器 BRK1 与 BRK2 动作时刻一致，并将故障类型设置为 AB 相间故障。

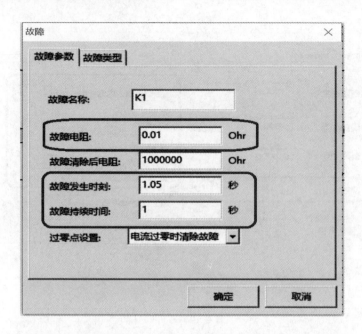

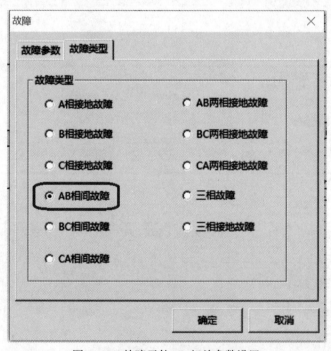

图 2-25 故障元件 K1 相关参数设置

2.2.4 一次断线接地故障

如图 2-26 所示，双回线输电线 LR1 线路长度 200km，在线路 50% 处发生一次输电线路 B 相断线，断线 50ms 后一侧发生 B 相金属性接地故障，其中相关设置如下：

将 200km 输电线路平均分成 LR1-1、LR1-2 两段，中间通过断路器开关 BRK3 连接，每段输电线路参数设置如图 2-27 所示。

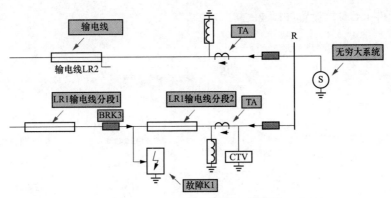

图 2-26 一次输电线路 B 相断线

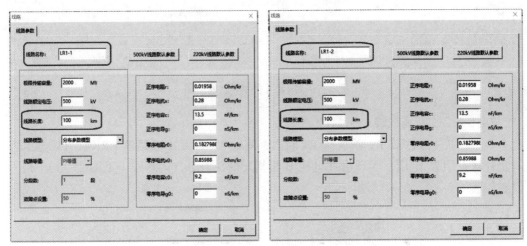

图 2-27 每段输电线路参数设置

断路器 BRK3 参数设置如图 2-28 所示。

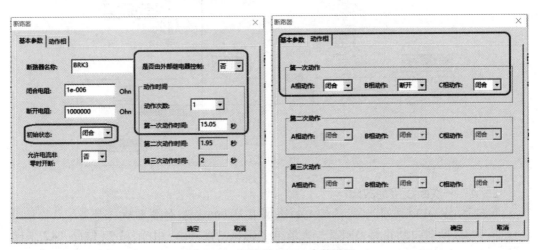

图 2-28 断路器 BRK3 参数设置

故障元件 K1 参数设置如图 2-29 所示。

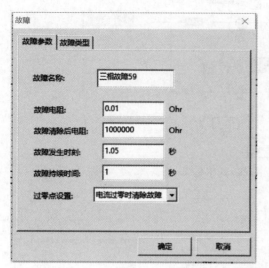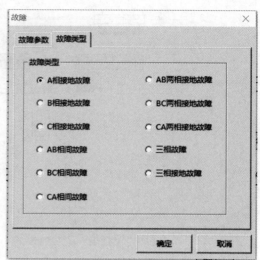

图 2-29　故障元件 K1 参数设置

2.2.5　二次断线故障

二次断线主要涉及 TV 断线与 TA 断线，其中 TV 断线由断路器 BRK4、TV 电压表以及并联电阻 R_1 组成，实现母线电压 B 相指定时刻开始 TV 断线（见图 2-30），相关设置如下：

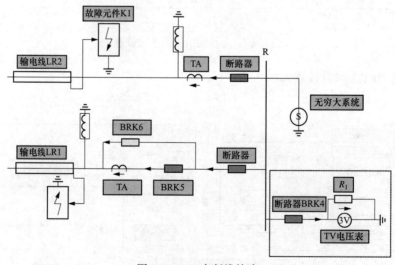

图 2-30　二次断线故障

断路器 BRK4 设置如图 2-31 所示，实现了 10.05s 开始 B 相断线。

其中 TA 断线由断路器 BRK5、断路器 BRK6、TA2 元件组成，LR1 线路 TA2 采样元件在 10.05s 时刻 C 相断线，相关设置如图 2-32 所示。

其中 BRK5、BRK6 断路器开关设置如图 2-33 所示。

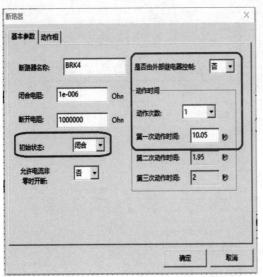
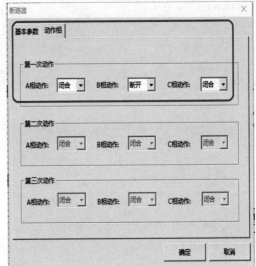

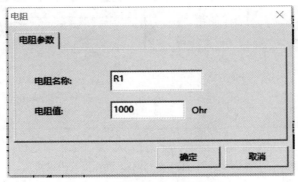

图 2-31 断路器 BRK4 设置

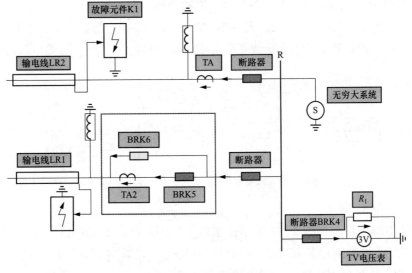

图 2-32 TA 断线故障

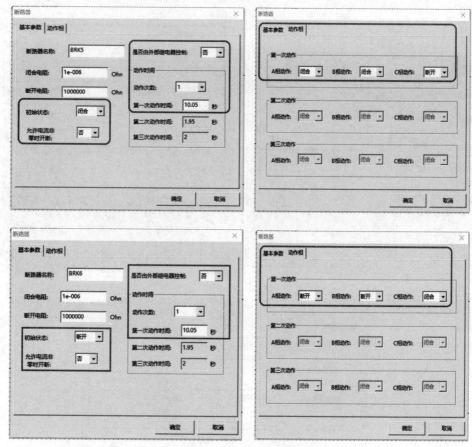

图 2-33　BRK5、BRK6 断路器开关设置

2.2.6　TA 饱和故障

如图 2-34 所示，将 TA2 元件进行 TA 饱和设置，并将饱和曲线参数进行修改，可实现 TA 元件饱和特性。注意，TA 元件饱和调试相对麻烦，需要将 TA 元件参数、系统短路容量、故障点位置等相互配合调整，达到 TA 饱和特征，设置如图 2-35 所示。

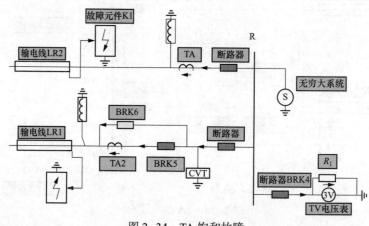

图 2-34　TA 饱和故障

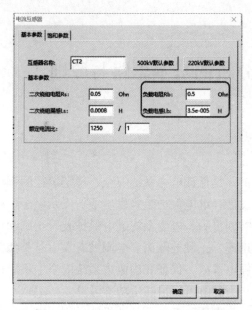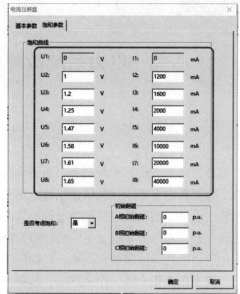

图 2-35　TA 饱和设置

注意，其中负载电阻 R_b 建议在 $0.1 \sim 2\Omega$ 进行动态调整。

3 电力系统故障分析的基本思路与原则

被誉为电力系统"静静哨兵"的继电保护，是保证电力系统安全、稳定运行的钢铁长城。随着微电子技术、通信信息技术迅速发展，继电保护装置发生了新飞跃。经过科技制造、设计、运维单位几代继电保护人的共同努力，电力系统继电保护装置正确动作率逐步上升，对电力系统发生的各种故障能迅速、正确地隔离。全国没有发生过类似美国、印度、巴西等国家的大面积、长时间的停电事故，保证我国电力系统安全、稳定运行，一支工作责任心强、作风严谨、超强战斗力的继电保护队伍功不可没。

随着电力系统的快速发展，大容量机组、高电压、新能源陆续投入运行，电力设备继电保护体系越来越庞大了，继电保护的原理结构也越来越复杂。电力生产过程中，由于受不可抗拒的外力破坏、设备缺陷、继电保护误动、运行人员误操作、误处理等原因，有时会发生设备事故或故障。继电保护的故障分析工作中主要涉及继电保护原理、装置元器件及二次回路等。现场继电保护故障分析的经验表明，大部分继电保护事故的发生与基建、安装、调试过程密切相关，丰富的现场经验往往对准确分析与定性事故起着关键作用。因此理论与实际相结合是继电保护事故处理的一个基本原则。

继电保护不正确动作，对电力系统的安全、稳定运行危害很大，尤其是超高压系统的继电保护不正确动作，往往使事故扩大，造成电网稳定破坏、大面积停电、设备损坏等，对国民经济造成严重损坏。一旦发生继电保护拒动或误动，必须查明原因，并力图找出问题的根源所在，然后有针对性地制订防范措施，并举一反三，避免类似事故重演。

继电保护故障分析牵涉面广，最能考验一名继电保护工作者的专业素质。微机保护在电网中的成熟应用，对电网中发生的故障监测有了更多手段。除了保护装置自身能记录更多信息，现场后台监控系统SOE对故障过程的梳理也至关重要。故障录波器的推广使用则引入了相对更独立客观的第三方监测。这些对我们处理事故都提供了足够的客观条件。还原事故经过、发现暴露的问题、提出整改措施、吸取经验教训，以避免同样的情况在电网中发生。故障分析更要求处理人要掌握足够的继电保护理论知识，具备较丰富的实践经验。实际工作中，对不同的事故采取不同的措施，追根溯源，确定合适的处理方法才能有针对性防范类似事故再次发生，下面介绍一些故障分析的基本思路：

（1）继电保护事故处理检查要点。

1）现场收集。收集包括：保护装置动作信息、后台相关变位及告警信号、保护装置告警状态、保护装置录波文件、故障录波器录波文件、保护装置定值整定值。

2）按时间顺序收集。包括保护启动时间、保护出口时间、开关变位时间、保护开入变位时间及相关告警信息报出时间。

3）应利用各种渠道了解。包括故障前系统运行方式、故障前系统中性点接地分布情况、故障后系统跳闸情况、保护装置定值清单、相关二次设备历史缺陷情况、相关一次设备历史缺陷情况等。

（2）继电保护事故常见分类。

1）保护装置误整定，导致保护误动或拒动。

2）系统定值配合有误，易导致事故范围扩大或安全自动装置不正确动作。

3）保护装置存在运行缺陷，易导致部分保护功能缺失，严重时可能发生越级事故。

4）TV断线，导致保护装置部分功能缺失。

5）电流互感器发生饱和，导致保护误动或拒动。

6）二次接线或虚端子设计错误，易导致开关及保护不正确动作。

7）开关设备发生拒动，扩大故障停电范围。

8）系统出现继发性故障或存在多个故障点，增加故障分析难度。

3.1 继电保护故障分析基本思路和方法

3.1.1 继电保护事故处理的基本思路和方法

继电保护事故发生以后，首先收集现场信息，其主要包括相关二次设备信息、一次设备信息以及现场运行人员的描述等。

（1）继电保护事故现场信息收集。

1）利用二次系统信息定位。一般单一性故障或相互关联性不大的多重故障，只要依据相关设备呈报的信号及现象，都能较快地定位故障点或故障回路，从而找到对应的检验解决办法。而有些故障存在故障点较多且相互关联性强，或存在隐性故障，没有明显信号等情况，不仅需要设备所呈报的直接故障信息，还需要利用第三方装置辅助判断。比如故障录波器，以及智能站中常用到的网络报文分析仪、在线监测装置、光功率计等设备。保护装置的信号灯、动作报告、告警信息、开关量变位事件、压板状态及装置定值、后台及监控信号、保护装置内部录波、专用故障录波器录波等是分析处理事故的重要依据。二次设备信息较多时要特别注意各类信息的绝对时间，对随后的故障分析至关重要，所以要重视站内各个设备的对时准确性以及与整个系统的同步性。

2）重视一次设备信息。依据保护动作报文查看一次设备断路器动作信息是事故分析一个很自然的思路。保护动作报文决定了断路器的动作行为，保护告警信息或测控装置上送后台信号能一定程度反映一次设备的状态，从而影响保护的动作逻辑。事故发生后对相关一次设备的检查很有必要。查看一次设备状态与保护动作行为是否对应，是排除一次设备存在问题的一个重要依据。断路器动作行为也是理清故障时序、推断故障发展过程、划分故障因素的重要手段。一次系统接线图则可从运行方式上了解断路器动作行为对整个系统的影响。

3）客观对待人为因素。保护系统的运行和维护还离不开人的作用，既然有人的参与，就无法绝对避免人为事故的发生。运维和继电保护专业人员必须树立正确对待人为事故的观念，严格按照规章制度工作。一旦发现事故中涉及相关人为因素，必须第一时间如实反映，推动故障处理进度。发生人为事故不可怕，关键要分析清楚事故原因。对其中的人为因素要引以为戒，坚决不能隐瞒，避免再次发生同样的错误。

（2）继电保护事故经过还原。

1）分析事故发生时间过程。前期收集足够的事故信息，接下来要做的就是利用信息合理推断事故发生过程。一般还原事故过程都是按时间发展排序，具体可分为绝对时间和相对时间两部分。绝对时间包含：一次故障发生绝对时间、二次保护动作绝对时间以及告警信息、变位事件绝对时间；相对时间包含：保护动作相对时间、断路器动作相对时间和其他告警闭锁、开关量等信息的相对时间。最后将所有事件按顺序依次列出，或统一标示与时间轴上，事故的发展过程基本上就较清晰地展现出来了，下面用一个例子简单说明：

2019 年 7 月 11 日 19 时 20 分 11 秒 97 毫秒，甲站线路 1 发生出口处 A 相接地故障。线路 1 保护 11ms 差动保护、25ms 距离Ⅰ段保护动作跳 A，51ms，线路 1 的 C 相断路器跳开，35ms 差动保护、距离Ⅰ段保护动作三跳，75ms 甲站线路 1 的 AB 相断路器跳开。线路 1 对侧乙站 10ms 差动保护保护动作跳 A，50ms，乙站 A 相断路器跳开。412ms，乙站线路 1 其他保护动作，422ms，甲站线路 1 远方跳闸动作三跳，452ms，乙站线路 1BC 相断路器跳开，隔离线路 1 故障。

乙站：300ms，Ⅰ母发生 B 相接地故障；311ms，母差保护作跳母联；351ms 母联断路器跳开；411ms，差动保护动作跳Ⅱ母；451ms，线路 1、线路 2、2 号变压器高压侧断路器跳开；1801ms，1 号变压器高压侧零序过电流Ⅰ段 1 时限动作跳高压侧母联；2801ms，2 时限动作跳 1 号高压侧断路器；2842ms，1 号变压器高压侧断路器跳开，隔离Ⅰ母故障。

2）列写法。2019 年 7 月 11 日 19 时 20 分 11 秒 97 毫秒系统发生故障。甲站事故过程见表 3-1。乙站事故过程见表 3-2。

表 3-1　　　　　　　　甲 站 事 故 过 程

时间	事件
0ms	保护启动
11ms	线路 1 保护动作跳 A
35ms	线路 1 保护动作跳 ABC
51ms	线路 1 的 C 相断路器跳开
75ms	线路 1 的 AB 相断路器跳开
422ms	线路 1 远方跳闸动作三跳
452ms	线路 1、线路 2、2 号变压器高压侧断路器同时跳开
1801ms	1 号变压器高压侧零序过电流Ⅰ段 1 时限动作跳高压侧母联

表 3-2　　　　　　　　　　　　乙 站 事 故 过 程

时间	事件
0ms	保护启动
10ms	线路 1 保护动作跳 A
50ms	线路 1 的 A 相断路器跳开
300ms	Ⅰ母发生 B 相接地故障
311ms	母差保护作跳母联
351ms	母联断路器跳开
411ms	差动保护动作跳Ⅱ母
412ms	线路 1 其他保护动作三跳
2801ms	1 号变压器高压侧零序过电流Ⅰ段 2 时限动作跳 1 号高压侧断路器
2842ms	1 号变压器高压侧断路器跳开

时间轴法如图 3-1 所示。

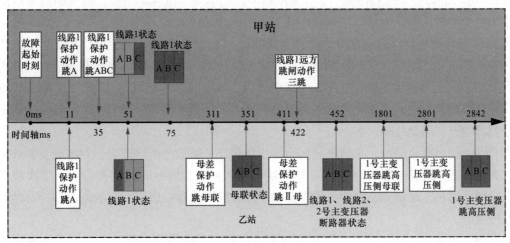

图 3-1　时间轴法

（3）分析继电保护装置动作行为。还原事故发展过程后，针对各个动作部分进行分析。对比录波图，依据保护原理和装置逻辑判断保护是否正确动作，哪些因素影响了保护装置最终的动作行为；按操作箱回路、断路器机构二次回路以及断路器的动作情况，判断保护动作后是否得到正确执行。可按保护间隔以及线路、变压器、母线、分段母联等保护分类分别进行编写，定性分析动作行为。下面分别以线路、母线、变压器接上例分析。

1）线路保护动作行为分析。19 时 20 分 11 秒 97 毫秒，甲站线路 1 发生出口处 A相接地故障，该故障属于线路 1 区内靠近甲站侧，因此差动保护和距离Ⅰ段保护先后动作跳 A，由于线路 1 保护到智能终端的 GOOSE 连线错误（跳 A 和跳 C 接反），导致

40ms 时跳开了 C 相断路器。SCD 文件中智能终端 GOOSE 输出的 TWJC 误接至保护的闭锁重合闸开入,保护收到闭重信号后放电,此时保护元件动作未返回,差动保护和距离 I 段保护补发三令,75ms 线路 1 的 A、B 相断路器跳开。

线路 1 故障在对侧乙站的距离保护 II 段范围内,因此乙站距离保护 I 段不动作。差动保护动作后跳开 A 相。412ms,收到母差发来的其他保护动作信号,向对侧发远跳,对侧远方跳闸动作三跳;452ms,B、C 相断路器跳开,隔离故障。

2)母差保护动作分析。故障前,乙站线路 1 的隔离开关位置接错(实际运行于 I 母,但 II 母隔离开关位置为 1),两个小差电流大于 TA 断线定值,母差保护报母联 TA 断线。

300ms,乙站 I 母发生 B 相接地故障,该故障属于母线区内故障,由于线路 1 隔离开关位置错,大差、I 母和 II 母小差电流均大于差动定值且 I 母和 II 母复压元件开放。保护装置报母联 TA 断线后,差动保护动作瞬时跳母联,延时 100ms 跳母线,因此 311ms 母差保护动作跳母联,351ms 母联断路器跳开。由于线路 1 的隔离开关位置错误,此时 I 母小差小于差流定值,大差和 II 母小差满足差动方程,II 母错接 I 母,复压开放,411ms 差动保护动作跳 II 母。452ms,线路 1、线路 2、2 号变压器高压侧断路器同时跳开,但 I 母故障点并未被隔离。1 号变压器中压侧继续提供故障电流,但此时故障电流小于差流定值,因此母差保护未动作跳 I 母。

3)1 号变压器保护动作行为分析。300ms,I 母发生 B 相接地故障,属 1 号变压器区外故障,零序电流大于高压侧零序过电流 I 段定值;411ms 时,差动保护误跳 II 母后,1 号变压器继续提供故障电流;经 1.5s 延时后,1801ms,零序过电流 I 段 1 时限动作跳高压侧母联;2802ms,2 时限动作跳 1 号变压器高压侧断路器;2842ms,1 号变压器高断路器跳开,隔离故障。

(4)得出事故结论,总结暴露问题并提出建议。事故分析结束后,要本着实事求是的态度,汇总整个事故中的各项结论。明确交代一次故障绝对时间及位置、二次故障点、哪些保护正确动作、哪些保护不正确动作、原因是什么以及发现的问题和针对性的整改措施、建议。

理论上来说,事故的发生不能完全避免,特别是继电保护事故。它也从侧面说明继电保护工作并不是尽善尽美,还需要紧跟时代发展、不断完善工作中的各项缺陷,包括客观技术条件和管理维护等主观因素两个方面。因此,一定程度上看事故的发生也不一定是坏事。平时加强继电保护运维人员的专业知识学习、技能提升和职业道德培养,时刻保持认真端正的工作态度,切不可因为系统长时间平稳运行而放松警惕。以预防为主,尽量避免事故的发生,当事故真的发生时,也能以客观、求实的态度积极处理。

3.1.2　继电保护故障分析要点

(1)阅读系统结构介绍,了解关键信息。

1)母线结构、母联和分段位置、TV 是否检修、线路与主变压器对应母线。

2)主变压器接线方式、中性点是否接地。

3）对侧系统情况。

（2）查看录波器的保护动作信息，确定动作时序，及断路器动作情况。

1）线路、主变压器、母差保护、电容器、电抗器动作时序。

2）查看断路器位置，结合电流分析。

3）边看边做记录，对故障总体情况进行设想。

3.1.3　典型保护分析方法

（1）线路保护

1）确定线路有无故障：① 比较两侧电流判断故障相；② 电流的特征与系统情况是否一致；③ 电压的故障特征与电流是否一致；④ 如果本线无故障，要根据电压、零负序方向、阻抗等，判断近故障点（反方向）和远故障点（正方向）。

2）分析线路保护的动作行为是否正确：① 单相故障三跳，定值问题，如重合闸是否投入、多相故障闭重、选相错误，二次回路问题：有闭重信号开入；② 动作相与跳开相不一致（通过电流确定），二次回路问题，如主1跳开 A 相，主2跳开 B 相；③ 重合闸动作，但断路器未能合上（通过电流确定），二次回路问题。

3）差动保护：① 区外故障动作原因：TA 二次回路问题，如极性错误、二次相序错误、TA 开路、两点接地、非故障相饱和等，定值问题，如变比错误、通道问题，如收发路由不一致，通道连接错；② 区内故障拒动或动作慢：TA 二次回路问题，如故障前报 TA 断线、长期有差流，定值问题，如控制字未投入，通道问题，如差动退出，开入问题，如压板未投入、高阻故障、一次断线故障（不接地）等。

4）高频保护：① 区外故障动作原因：TA/TV 二次回路问题、通道问题、定值问题，如两侧投弱馈、功率倒向问题、弱电强磁问题、弱馈，如本侧母差保护作，本断路器跳开后，无压无流，纵联距离动作三跳；② 区内故障拒动或动作慢：TA/TV 二次回路问题、通道问题、功率倒向问题、高阻故障。

5）距离保护：① 区外故障动作原因：TV 二次回路问题：如 TV 断线、N 相断线、定值问题，如 I 段定值超过线路全长（终端线路）、TV 三相失压，低电压距离继电器；② 区内故障拒动或动作慢原因：TA/TV 二次回路问题、定值问题，如：控制字未投入、开入问题，如压板未投入、高阻故障、振荡闭锁。

6）零序保护。

7）单跳失败三跳：① 断路器未跳开，或跳开后未能断弧，注意检查失灵是否动作；② 断路器跳开后，二次回路异常，出现附加电流，通常是 TA 两点接地。

8）单相运行三跳：① 保护三跳，有一相断路器失灵；② 保护单跳，两套保护跳错相。

9）距离加速和零序加速：① 位置问题，导致一直处于非全相状态；② 带主变压器重合，采用距离Ⅲ段加速。

10）重合闸：① 三重方式重合闸不动作，检同期不满足，检查电压频率；② 断路器跳跃，防跳失效。

（2）主变压器保护。

1）确定故障点。区内和区外是否均存在故障，故障从区外转区内。

2）差动保护：① TA 回路问题，TA 断线；② 线路带主变压器重合时，涌流闭锁元件开入；③ 接线方式整定错误；④ 近端区外故障，高值区不经饱和判别，差速不经任何闭锁。

3）阻抗保护：① 启动后 TV 失压；② 其他同线路保护。

4）过电流保护：① 复压元件；② 方向元件；③ 过电流元件；动作时序，先跳母联或分段解列。

5）零序保护：① 方向元件；② 过电流元件；③ 动作时序，先跳母联或分段解列。

6）间隙保护：① 中性点接地的变压器跳开后，形成的不接地系统；② 间隙零序电流和电压相互保持。

（3）母线保护。

1）母差保护：① TA 回路，极性错误，TA 断线，TA 未交叉配置；② 故障点在线路 / 主变压器与母差 TA 之间；③ 非故障相误动；④ 隔离开关位置错误；⑤ 双母线，对侧线路远跳动作，本侧线路可能高频动作（弱馈）。

2）死区保护：① 分位死区跳故障母线，合位死区先跳非故障母线，再跳故障母线；② 未投分列压板，如果非故障母线电压不开放，先跳母联，母联失灵再跳故障母线，如果非故障母线电压开放，先跳非故障母线和母联，走合位死区。

3）失灵保护：① 线路 / 主变压器保护动作后，故障电流持续时间超过失灵时间；② 对侧线路远跳动作；③ 隔离开关位置，解除电压闭锁。

4）失灵保护联跳。主变压器间隔故障，断路器失灵。

3.2 提高继电保护事故处理水平的途径

一般来说，继电保护相关装置的工作环境较差，气候恶劣，很容易因为环境因素、元器件老化、隐性干扰和人为原因、设计不合理等导致故障发生。但是，继电保护故障仍能通过措施来预防，只要相关人员做好继电保护管理，保证设计、安装、调试、验收等过程准确无误，并配合到位的监督，同时提高继电保护人员技术水平，熟悉继电保护故障的基本类型，掌握继电保护事故处理的基本思路，是提高继电保护处理水平的重要条件，同时还必须掌握必需的理论知识，运用正确的工作方法。

3.2.1 掌握必要的理论知识

继电保护事故处理工作和其他技术工作一样，要求理论与实践相结合，调查研究和逻辑思维相结合，为提高事故处理水平，至少应做到：学会电子技术知识，掌握保护的原理，并备全相关技术资料，只有做到这些，才能不扩大故障范围，迅速排除故障。

3.2.2 运用正确的方法

要做好继电保护故障处理工作，必须防止经验主义、纸上谈兵、盲目动手的错误做法，否则不但不能迅速排除故障，反而容易使故障扩大或导致问题的复杂化。在实际故障处理时，往往经过简单的检查，一般的故障部位就会被查出；如果经过一些常规的检查，仍未发现故障元件，说明该故障较为隐蔽，应当引起充分重视。此时可采用逐级逆向排查方法，由故障原因判断故障范围，在故障范围内确定故障元件并加以排除，使保护及自动装置恢复正常；如仍不能确定故障的原因，就要采用顺序检查法，对装置进行全面检查，并进行认真的分析。

3.2.3 熟练掌握故障处理的技巧

在保护及自动装置故障处理中，以往的经验是宝贵的，它能帮助工作人员快速消除重复发生的故障，但与经验相比，技能更为重要，基本技能有：① 利用万用表测量电路电阻和元件阻值，确定或判断故障的部位及故障元件；② 利用万用表测量回路的电压、电流，判断回路工作状态是否完好；③ 用规格相同、性能良好的元器件，替换被怀疑而不便检测的元器件；④ 将故障装置的各种参数与正常装置的参数或以前的检验报告进行比较，差别较大的部位就是故障点。

3.2.4 加强专业技能及安全培训

对于值班人员和维修人员，应加强培训和教育，及时传授新的操作技术和理念，减少因人为导致的故障和事故；同时，提高人员的安全意识，组织安全宣传大会，根据对近年来故障发生原因进行总结，做出下一阶段的工作计划，为人员提供正确的工作方向，使其能在故障发生之前做出反应，同时，工作人员应当加强学习，提高自身的作业素质。另外，企业还应该投入适当的资金，引进更加先进的设备，提高系统的安全性，减少维修概率，减少不必要的开支。

3.2.5 完善设备设计

为了从源头杜绝故障的发生，应把好设计关，保证设计的完善性，对设计过程进行规范和监督。设计完成后，应及时进行调试和修改，及时消除隐患，避免后期对电网系统运行造成的不利影响。相关人员应提高标准，对各环节和零件都应严格检查，及时解决问题，消除安全隐患。

3.2.6 把好质量关

针对设备质量、零件质量，特别是收讯机、发讯机、操作箱等设备的质量，应提高要求的标准，及时检查和维修，避免因元器件老化导致的误动或拒动情况。定期检查，必要时应更换零件和设备，及时上报，以预防故障的发生。

3.2.7 加强管理

继电保护装置在电力系统的运行中有着非常关键的作用，为此，应当建立完善的规章制度，将故障的发生原因及预防措施列明在制度中，以供工作人员阅读，提高他们的预防意识；同时，完善电网的安全管理机制，明确各环节的分工，建立考核机制，能及时对工作人员的表现进行评价，找到他们工作中存在的问题，进行针对性的指导。应抓好基础管理工作，保证制度内容落到实处，尤其是在继电保护的工作现场，更是应提高安全管理水平和监督力度，并配合有效的检修方案，及时排查和解决问题，尽可能减少故障的发生，促进电力系统的稳定运行。

3.3 加强变电站全过程管理，减少继电保护事故

随着经济建设和社会生活的不断发展，电力已经成为不可或缺的最重要能源。电力系统安全是电力生产、经营、管理的重要组成部分，因为电力系统本身的特点，安全和可靠性是第一位的。电力企业不仅要加强固有的安全和可靠性工作，还应该增加危机意识。电力系统的安全和可靠性在很大程度上取决于电力设施的安全和可靠，其实继电保护和安全自动装置，是保障电力系统安全和防止电力系统发生大面积停电事故的最基本、最重要、最有效的技术手段。从国内外众多事故不难看出，继电保护和安全自动装置一旦不能正确动作，将造成严重后果；反之，则能有效遏制事故的扩大和蔓延，减小事故损失和社会影响。所以加强继电保护技术监督，实行全过程管理，不断提高继电保护人员及装置运行管理水平，是减少继电保护事故的重要环节。

实现继电保护的全过程管理要把好设计审查关，把好继电保护装置及二次回路的竣工验收关，把好继电保护装置及二次回路的调试检验关，把好继电保护运行管理关。

3.3.1 把好设计审查关

（1）继电保护装置配置符合规范，满足继电保护反措。继电保护配置方式的选择对电力系统的安全运行有直接的影响。选择保护方式时，在满足继电保护"四性"要求的前提下，应力求采用简单的保护装置来达到系统提出的要求，只有当简单的保护不能满足要求时，才采用较复杂的保护。

我们以线路保护为例，《继电保护和安全自动装置技术规程》（DL/T 4285—2023）规定，对单侧电源线路，应在电源侧配置阶段式相间距离保护和接地距离保护，并辅之以至少一段零序过电流保护以切除经电阻接地故障。负荷侧可不配置线路保护。对双侧电源线路，应配置阶段式相间距离保护和接地距离保护，并辅之以至少一段零序过电流保护以切除经电阻接地故障。符合下列条件之一时，至少应配置一套纵联保护：

1）根据电力系统稳定要求需要快速切除故障时。

2）线路发生三相短路故障，使发电厂厂用母线电压低于允许值（一般为额定电压的60%）且其他保护不能无时限和有选择性地切除短路故障时。

3）采用纵联保护后，不仅可改善本线路保护性能，而且能改善所在电网保护的整体性能时。

（2）互感器的选型符合规范，满足继电保护反措。电压互感器、电流互感器的选型应满足继电保护装置及二次设备的使用需求，满足继电保护的反措要求。在新建、扩建和技改工程中，应根据《电流互感器和电压互感器选择及计算规程》（DL/T 866—2015）、《互感器　第2部分：电流互感器的补充技术要求》（GB 20840.2—2014）和电网的发展情况进行互感器的选型工作，并充分考虑到保护双重化配置的要求。

1）应根据系统短路容量合理选择电流互感器的容量、变比和特性，满足保护装置整定配合和可靠性的要求。

2）线路各侧或主设备差动保护各侧的电流互感器相关特性宜一致，避免在遇到较大短路电流时，因各侧电流互感器的暂态特性不一致导致保护的不正确动作。

3）母线差动保护各支路电流互感器的变比不宜大于 4 倍。

4）母线差动保护、变压器差动保护和发变组差动保护各支路的电流互感器应优先选用准确限值系数（ALF）和额定拐点电压较高的电流互感器。

5）应充分考虑合理的电流互感器配置和二次绕组的分配，消除主保护死区。

6）当采用 3/2、4/3、角形接线等多断路器接线形式时，应在断路器两侧均配置电流互感器。

7）对经计算影响电网安全稳定运行重要变电站的 220kV 及以上电压等级双母线接线方式的母联、分段断路器，应在断路器两侧配置电流互感器。

（3）二次回路设计符合规范，满足继电保护反措。

1）电流回路：① 电流端子接线压接可靠，备用绕组应引至端子箱可靠短接并接地；② 电流互感器的二次回路必须有且只能有一点接地，并与主接地网可靠连接；③ 对电流互感器进行一次升流试验，检查工作绕组（抽头）的变比及回路正确。

2）电压回路：① 公用电压互感器的二次回路只允许在控制室内有一点接地，并且挂一点接地标示牌，各电压互感器的中性线不得接有可能断开的断路器或熔断器等；② 同一电压互感器各绕组电压（保护、计量、开口三角等）的中性线，应使用各自独立的电缆，分别引入控制室或保护室后再一点接地，各保护小室之间中性线联络电缆截面符合设计要求；③ 已在控制室一点接地的电压互感器二次绕组，宜在开关场将二次绕组中性点经放电间隙或氧化锌阀片接地；④ 独立的、与其他电压互感器的二次回路没有电气联系的电压回路应在开关场一点接地，并且挂一点接地标示牌；⑤ 电压互感器二次回路宜经过隔离开关辅助接点切换，以防止电压互感器二次回路反充电；⑥ 屏（柜）与端子箱电压回路的自动开关跳闸动作值满足设计要求，并校验逐级配合关系正确，自动开关失压告警信号正确；⑦ 保护、计量电压失压应有可靠告警接点报出；⑧ 电压互感器二次回路中使用的并列、切换继电器接线正确，检查方法：通过试验并列、切换位置接点，实现并列或切换，通过万用表测量并列或切换后相别分别对应；⑨ 对电压二次回路进行通电压试验，检查电压二次回路正确。

3）直流电源回路配置：① 双重化配置的保护装置，每一套保护的直流电源应相互独立，分别由专用的直流自动开关从不同段直流母线供电，每套保护的控制与装置电源应取自同一直流母线，验收方法：所有相关直流低压断路器均在合闸位置，逐一断开直流分电屏上各直流低压断路器，检查相应回路无电压；② 双重化配置的线路纵联保护应配置两套独立的远方信号传输设备（含复用光纤通道、独立光芯、高频通道及加工设备等），两套远方信号传输设备应分别使用相互独立的电源回路；③ 正、负电源之间以及跳、合闸引出端子与正、负电源端子应至少隔开一个空端子；④ 每一套独立保护装置应设有直流电源失电报警回路；⑤ 保护装置 24V 开入电源不出保护室。

4）跳合闸、失灵保护等重要回路：① 有两组跳闸线圈的断路器，其每一个跳闸回路应分别由专用的直流低压断路器供电且跳闸回路控制电源应与对应保护装置电源取自同一直流母线段；② 对经长电缆跳闸的回路，应采取防止长电缆分布电容影响和防止出口继电器误动的措施；③ 外部开入直接启动，不经闭锁便可直接跳闸（如变压器和电抗器的非电量保护、不经就地判据的远方跳闸等），或虽经有限闭锁条件限制，若一旦跳闸影响较大（如失灵保护）的重要回路，应在启动开入端采用电压动作在额定直流电源电压的55%～70%范围内的中间继电器，并要求其动作功率不低于5W。

3.3.2 把好继电保护及二次回路的竣工验收关

（1）符合验收条件。

1）验收前一个月收到验收需要的图纸、装置技术（使用）说明书等资料。

2）施工单位应将被验收各类业务按要求接入完毕，设备均已安装调试完成。

3）施工单位自查验收合格后，应提供安装、调试记录（报告）、设计变更通知单、相关设备出厂资料、保护装置调试报告，报告内容含有调试人员、调试负责人、审核人员的签名、调试单位公章。

4）继电保护分析系统及其他相关系统台账应录入完毕并经核对合格，保护装置未通过国网检测不能投入电网运行。

（2）达到验收要求。

1）竣工验收采用查阅资料、调试报告（或现场试验记录）和现场检验的方式进行，一般情况下不宜采用随工验收方式。

2）保护装置调试所使用的仪器、仪表必须经检验合格。定值检验所使用的仪器、仪表的准确级应不低于0.5级。调试报告应记录试验中所用仪器、仪表的型号、编号。

3）工程分期进行时，每期工程均应对公用保护装置进行验收。

4）验收时，不应缩短验收时间，减少验收项目，降低验收质量。

（3）二次回路验收。

1）二次电缆敷设及接线。

①保护用电缆与电力电缆不应同层敷设，或采取其他防火隔离措施。

电缆沟内动力电缆在上层，接地铜排在上层外侧；保护用电缆敷设路径应尽可能避开高压母线及高频暂态电流的接地点，如避雷器和避雷针的接地点、并联电容器、电容式电压互感器、结合电容及电容式套管等设备。

②二次电缆转弯处的弯曲半径不小于电缆外径的12倍且转弯处不能有受力现象。

③电缆沟内电缆排列整齐，在电缆支架上固定良好。电缆应用合适的电缆卡子固定良好，防止脱落、拉坏接线端子排。

④电缆孔洞应封堵严密、可靠，电缆沟内无积水。

⑤所有电缆应悬挂标示牌，注明电缆编号、走向、规格等；二次接线芯线标识齐全、正确、清晰，应包括回路编号、电缆等，备用芯线应有电缆编号和保护帽；屏内配线标识齐全、正确、清晰。

⑥所有专用接地线应采用黄绿相间多股线，截面应不小于4mm²，并应用专用接线鼻压接良好。

⑦双重化配置的保护装置、母差和断路器失灵等重要保护的起动和跳闸回路均应使用各自独立的电缆。

⑧在同一根电缆中不应有不同安装单位的电缆芯。交流电流和交流电压回路不能

合用一根电缆；交流和直流回路不能合用一根电缆；强、弱电回路不能合用一根电缆；同一组电流或电压相线及中性线应分别置于同一电缆内。

2）二次回路绝缘。

①用1000V绝缘电阻表测量保护屏（柜）至外回路电缆的绝缘电阻，各回路对地、各回路相互间其阻值均应大于10MΩ。从保护屏柜的端子排处将所有外部引入的回路及电缆全部断开，接地点断开，分别将电流、电压、直流控制、信号回路的所有端子各自连接在一起，用1000V绝缘电阻表测量各回路对地、各回路相互间阻抗。

②摇测时应通知有关人员暂停在回路上的一切工作。

③对于长电缆回路对地摇测结束后需对地进行放电。

④特别注意3/2接线，断路器必须断开与运行设备相连接部分回路，采取措施防止与运行设备相连接的电流回路短路，引起保护误动。

（4）保护装置的验收。

1）保护功能验收。

①退出保护Ⅱ所有保护功能压板、出口压板；投入保护Ⅰ主保护，A相出口压板、重合闸出口压板，退出其他保护功能压板，模拟A相瞬时性故障。断路器应A相跳闸、A相重合，检查保护Ⅰ动作报文、操作箱指示灯应正确。

②按上述方法，分别验证B、C相出口回路正确性及完整性。

③退出保护Ⅱ所有保护功能压板、出口压板，投入保护Ⅰ所有保护功能压板、出口压板及重合闸出口压板，模拟永久性故障，断路器应正确完成分—合—分的动作过程，检查保护Ⅰ动作报文、操作箱指示灯应正确。

④按以上步骤进行保护Ⅱ单套保护的传动验收。

⑤将两套线路保护装置一并接入，即交流电流串联、交流电压并联，投入两套保护所有保护功能压板、出口压板，模拟单相及相间永久性故障，断路器应动作正确，检查保护动作报文、操作箱指示灯应正确。

⑥500kV线路保护需单独传动边、中断路器，断路器重合闸功能随断路器保护验收。

⑦在80%额定直流电压下带断路器传动，交流电流、电压必须从端子排上通入检验，对直流开出回路（包括直流控制回路、保护出口回路、信号回路、故障录波回路）进行传动，检查各直流回路接线的正确性，检查监控系统、保信系统、故障录波器相关信息正确性。

2）开入开出回路的验收。

①失灵保护的验证应按分步、分段、逐压板验证其唯一性和正确性。在开始传动试验前应检查在220kV母差（失灵）保护屏内拆除对应间隔的启动失灵保护接线可靠拆除。将两套线路保护与断路器保护交流回路串接，两套线路保护电压回路并接。

②断路器压力闭锁回路，断路器在跳闸位置，模拟断路器压力闭锁合闸动作，手合断路器，断路器无法合闸；断路器在合闸位置，模拟断路器压力闭锁操作动作，手跳断路器，断路器无法分闸。现场条件具备时应实际模拟压力降低的情况。

③ 断路器防跳回路，合上断路器，将手合把手或按钮置于合闸位置保持的同时模拟任一保护动作，断路器正确跳闸，不会出现跳跃现象。对于分相断路器应分别模拟三相的两组跳闸线圈。检查断路器机构箱的三相不一致跳闸回路可靠拆除，及防跳跃回路满足要求，若机构箱防跳跃回路仅在就地操作时投入，不应拆除。

（5）验收总结。

1）验收问题及整改记录。验收完成后，各现场验收人员应详细记录验收过程中发现的问题和缺陷，并根据验收记录表，将验收中发现的质量问题，形成"验收问题及整改记录"，告知项目管理单位、施工单位，提出整改意见。问题和缺陷整改完成后，验收人员必须进行现场复验确认，并报送运维部门验收工作组。

2）验收遗留问题记录。24h试运行完成后，应与参建单位对各类保护设备进行一次全面的检查。对巡视、检查、监测设备时发现的问题和缺陷逐一记录，共同确认工程验收遗留问题，形成"验收遗留问题记录"，明确责任单位及整改日期，限期消除，并跟踪复验。

3.3.3 把好继电保护装置及二次回路的调试检验关

（1）技术资料齐备。

1）查阅所有继电保护的出厂报告、合格证、出厂图纸资料、技术（使用）说明书等齐全，开箱记录与装箱记录一致，装置出厂图纸资料及技术（使用）说明书数量满足合同要求。

2）查阅施工设计图，包括原理接线图（设计图）、"四遥"信息表、二次回路安装图、电缆清册、断路器机构二次图，电流互感器和电压互感器端子箱图等设计图表，设计单位发出的相关设计变更通知单、相关的技术协议。

3）查阅所有相关一次设备铭牌参数完整，装置说明书、出厂试验报告、合格证齐全。

4）隐蔽工程的相关记录。

（2）继电保护装置的检验。

1）保护装置的清扫、外观检查：① 装置型号与设计相同，检查直流电源电压以及TA额定电流值与现场情况匹配；② 保护装置各部件固定良好，无松动现象，装置外形端正，无明显损坏及变形；③ 各插件应插拔灵活，各插件和插座之间定位良好，插入深度合适；④ 检查保护装置的接线端子，特别是TA回路的螺钉及连片，不允许有松动情况，端子及屏上各器件标号清晰正确；⑤ 检查保护屏内铜排用不小于$50mm^2$的多股铜线与专用接地铜网直接连通，保护装置及其他接地端子用截面不小于$4mm^2$的多股铜线且用铜螺钉压接于屏内铜排上且接触牢靠；⑥ 切换开关、压板、按钮、键盘等操作灵活；⑦ 清扫各部件灰尘及杂物，保持各部件清洁。

2）开入、开出回路检查：① 分别投退保护投入硬压板，检查开入量变位正确；② 外接设备接点开入可通过在相应端子短接、断开回路的方法检查本装置开入量变位正确；③ 保护出口及信号可通过面板菜单操作或模拟实验等方法，检查正确。

3）交流采样回路检查：① 零漂检查：检查零漂值是否满足相应保护装置规定的合格范围要求；② 电流测量精度：按技术说明书要求，输入额定幅值的电流，查看保护装置的采样值满足装置技术条件的规定；③ 电压测量精度：按技术说明书要求，输入额定幅值的电压，查看保护装置的采样值满足装置技术条件的规定；④ 对于差动保护装置，如主变压器、母线保护等，在进行电流检验时，应注意差流是否满足要求。

4）保护装置功能检查：① 应对主保护、不同种类的后备保护任一段分别进行试验；② 应对重合闸功能进行检查；③ 保护带开关传动检查，不同的保护装置分别传动，保护传动时，要有可靠的措施防止误跳运行的母联、分段断路器；④ 跳闸矩阵检查：在改变跳闸方式后进行，检查跳闸矩阵的出口与定值要求是否一致。

（3）二次回路的检验。

1）二次回路的清扫检查。对保护屏、控制屏、端子箱等保护专业维护范围的端子排进行清扫，并对端子排、二次线进行外观检查。

2）二次回路的绝缘检查：① 控制回路绝缘检查：在分电屏处，断开控制电源低压断路器，用 1000V 绝缘电阻表测量控制电源正负极回路、跳合闸回路对地的绝缘电阻，要求其阻值应满足规程要求；② 信号回路的绝缘检查：将各回路两端断开，用 1000V 绝缘电阻表测量各回路对地的绝缘电阻，要求其阻值应满足规程要求；③ TA、TV 回路绝缘检查，TV、TA 回路与运行设备采取隔离措施，检修设备的 TV、TA 回路完好，用 1000V 绝缘电阻表测量各回路对地的绝缘电阻，要求其阻值应满足规程要求。

3）二次回路接线正确性检查：① 回路接入操作电源，进行实际的操作，操作状态需要分别在近控、远控下进行，同时观察相关监控设备现实的设备运行状态是否与实际一致，如操作回路提供闭锁功能，按图纸依次模拟操作闭锁回路中的各闭锁接点断/合情况下的操作性能，应满足设计要求；② 对于二次线的连接必须考察其与端子排连接的牢固性，应满足设计需求；③ 利用传动方式进行二次回路正确性、完整性检查。

（4）调试报告合格完整。

1）电压、电流互感器所有绕组极性、变比、准确级应与铭牌参数一致，与设计相符。电流互感器试验应在现场安装后进行，极性验收、伏安特性验收、10% 误差曲线校核、二次负载测试，试验报告应完整、结果正确。

2）断路器应具备与继电保护专业相关试验项目的调试报告。试验项目包括：双跳圈极性检查，断路器机构防跳检查，三相不一致回路中间继电器、时间继电器试验，断路器分合闸时间、合闸不同期时间、辅助触点的切换时间、跳合闸线圈电阻值、断路器最低跳合闸电压试验等。

3）试验项目及数据应完整正确，应包括保护装置单体调试、整组试验、二次回路绝缘电阻实测数据、光口发送及接收功率验收、光缆衰耗验收等内容。

4）继电保护设备附属的高频加工设备、光纤通道的设备参数、通道时延等试验数据应齐全，相关验收（检测）报告试验项目及数据应完整正确。

5）变电站各直流断路器（熔断器）应做上下级级差配合试验，试验报告应完整，级差配合应符合 2～3 级配置要求。

3.3.4 把好继电保护运行管理关

加强继电保护的运行管理，是保证继电保护设备、继电保护工作不出或少出事故的重要环节。从事继电保护运行管理的人员能充分认识到运行管理中的漏洞、弊端，理顺继电保护工作关系，发挥继电保护监督体系的作用，提高继电保护运行管理的整体水平，对于减少继电保护事故意义重大。

（1）当前继电保护运行管理中存在的主要问题。

1）人员技能难以满足智能变电站要求。首先面对智能变电站新技术应用，专业人员除了掌握传统的继电保护知识，还要学习网络、通信、信息规约等方面的实用化新技术，部分继电保护专业人员目前还不能完全胜任智能变电站工作；其次，继电保护队伍中新生力量的不断增加，对于专业技术涉及范围广泛、设备结构复杂的智能变电站而言，一支优秀的继电保护专业队伍的培养需要更长时间。

2）保护队伍管理弱化。近年来，保护装置数量大幅增长，新技术广泛应用，人员工作承载量快速上升，当前继电保护岗位定位与承担的责任不匹配，吸引力不足。在改革发展进程中，对继电保护技术含量高、工作精细化的特点认识不到位，继电保护队伍管理呈弱化趋势，导致业务骨干流失严重，队伍断层、结构性矛盾突出，技术骨干占比不足，严重影响继电保护工作开展和专业发展，需要引起高度重视。

3）专业机构设置需要优化。当前继电保护管理层级多、链条长，专业管理穿透力层层下降，尤其是随着电网的快速发展、精益化管理要求的不断提高，当前的专业机构设置不利于继电保护整体水平的提升，应从更有利于保障电网安全运行的实际需求出发，优化组织架构，完善管理模式，提升管理效率。

4）继电保护队伍结构有待完善。在电力系统中，继电保护专业是技术含量最高的专业之一。培养一个比较全面的继电保护工作负责人需要数年时间，应避免继电保护班组人员频繁流动。加快机构调整力度，优化专业队伍结构，科学的继电保护专业管理模式，平等竞争的继电保护工作氛围，对于稳定继电保护队伍，提高继电保护运行管理水平意义深远。

5）运行人员的继电保护技术水平不容乐观。电力系统继电保护的许多事故，是由于运行人员对继电保护装置及二次回路熟悉程度不够造成的。运行人员是设备的直接操作者，运行人员的继电保护水平直接影响设备的安全运行。尤其是智能变电站中，运行人员队伍软压板和检修压板的投退，直接关系相关设备的安全稳定运行。因此在注重保护人员培训的同时，也应重视运行人员的继电保护知识培训。

（2）强化继电保护技术支撑。充分利用智能化、信息化科技成果，完善继电保护现代化的技术支撑手段，提升整体工作水平：① 构建继电保护智能整定与定值在线校核平台：在国、分和省、地、县两级整定计算平台的基础上，利用调度云技术，实现全网整定计算模型信息的整合与共享，不同地区间整定计算数据的实时修正和异地协同，进一步规范整定原则，深化整定计算与定值在线校核技术的闭环应用，确保定值整定的正确性和对电网的动态适应性；② 构建继电保护在线监视与智能诊断平台：在提高厂站端保护实时信息接入覆盖率的基础上，研究应用变电站故障录波、二次回路、网络报文、信息子站等多源数据集成和智能分析技术，实现电网事故快速分析、二次设备实景展示、设备状态智能诊断，全面支撑调控一体化；③ 构建保护装置运行管理平台：全面推进移动互联和唯一性标识等技术在保护装置全寿命周期管理中的应用，制订装置质量水平、运行水平、动作性能等关键量化指标和评价策略，利用大数据深化分析评估，将设备运行质量和检修效果评价精确到每台装置，提升精益化管理水平。

4 继电保护基本故障类型分析

4.1 220kV 线路保护基础故障分析

4.1.1 线路相间短路时采样回路接反故障分析

案例：220kV 高科变电站Ⅰ电高 2 间隔合并单元 A、B 相电流接反，Ⅰ电高线 AB 相间故障跳闸分析

（1）系统运行方式。00kV 电科变电站 220kV 为双母线接线，Ⅰ电高 1、智能 1 线、智能 3 线在Ⅰ母运行；电 221、Ⅱ电高 1 在Ⅱ母运行；母联合位运行，主变压器中性点直接接地。

220kV 高科变电站母线为双母线接线，Ⅰ电高 2 在Ⅰ母运行；Ⅱ电高 2、高 221 在Ⅱ母运用；母联合位运行，主变压器中性点直接接地。

（2）现场检查情况。500kV 电科变电站内二次设备进行全面检查，现场检查内容见表 4-1、表 4-2。

表 4-1　　　　500kV 电科变电站Ⅰ电高 1 保护：PCS-931A-DA-G-R 线路保护

时间	事件
2020 年 7 月 31 日　10 时 19 分 27 秒 015 毫秒	—
0ms	保护启动
1515ms	故障相别 AB ABC 相间距离Ⅱ段动作
1549ms	故障相别 AB ABC 纵联差动保护动作

表 4-2　　　　500kV 电科变电站 220kV Ⅱ电高 1 线路保护：CSC-103-DA-G-RP

时间	事件
2020 年 7 月 31 日　10 时 19 分 27 秒 015 毫秒	—
3ms	保护启动
1507ms	故障相别 AB 相 相间距离Ⅱ段动作

220kV 高科变电站内二次设备进行全面检查，现场检查内容见表4-3。

表 4-3　　　　220kV 高科变电站 Ⅰ电高2线路保护：PCS-931A-DA-G-R

时间	事件
2020 年 7 月 31 日　10 时 19 分 27 秒 015 毫秒	—
0ms	保护启动
1533ms	故障相别 AB 相 ABC 纵联差动保护动作

（3）录波分析。

1）电科变电站录波。如图 4-1 所示，保护启动前，Ⅰ电高 1 电流、电压三相幅值正常，相位正序，无零序电压和零序电流。

保护启动，电科变电站母线 A、B 相电压幅值均有所下降，幅值相等、相位不同，C 相电压与故障前保持不变，无零序电压。Ⅰ电高 1 电流 A、B 相幅值相等，相位反相，C 相电流与故障前保持不变，无零序电流。通过以上录波特征判断为 A、B 相金属性短路。进一步分析可知，A、B 相母线电压幅值大于 C 相电压幅值一半且 A、B 相电压相位与 C 相电压相位夹角相等，说明故障应距本侧有一定距离。结合动作报文可知，本侧相间距离Ⅱ段动作，故障相 AB，与以上录波判断相符，保护应属于正确动作。

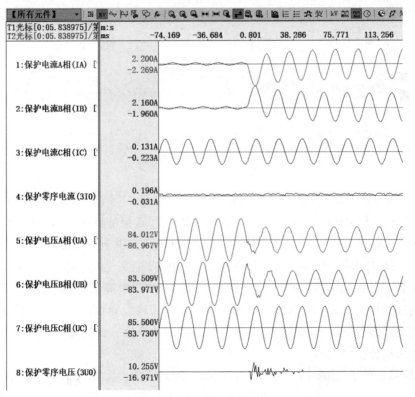

图 4-1　Ⅰ电高 1 装置录波

2）高科变电站录波。如图 4-2 所示，保护启动前，I 电高 2 电流、电压三相幅值正常，无零序电压和零序电流。但保护 A、B 两相有差流，高科变电站母差保护告警。0ms 保护启动，高科变电站母线 A、B 相电压幅值相等，相位相同且两故障相电压幅值约为 C 相电压幅值一半，相位相反，无零序电压。I 电高 2 电流 A、B 相幅值相同，相位反相，C 相电流与故障前基本一致，无零序电流。属于 A、B 相间金属性短路典型特征且推测故障在本线路出口处。录波判断与保护动作报文相符合。

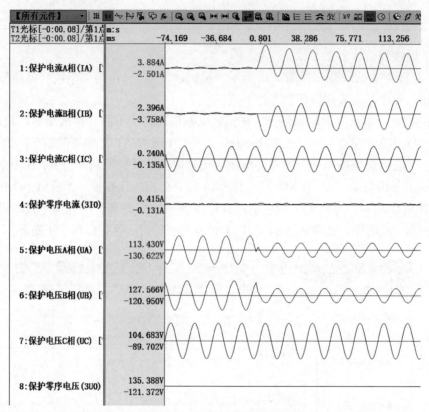

图 4-2 I 电高 2 装置录波

经计算分析，故障过程中，电流 I_A 相位超前电压 U_C 约 5°，而电流 I_B 相位滞后电压 U_C 约 175°，与 AB 两相金属性短路故障电压、电流相量特性不符，怀疑 I 电高 2 电流 A、B 两相接反。正常运行时，录波分析显示 I 电高 2 电流三相负序，I 电高 2A 相电流与 I 电高 1B 相电流相位接近反相，I 电高 2B 相与 I 电高 1A 相电流相位接近反相，也印证了电流 A、B 相接反的猜想，经现场检测，确认 I 电高 2 电流回路 A、B 相接反。由于电流回路接反，故障时差流计算较小、制动电流较大导致两侧差动保护动作较慢且本侧相间距离判反方向，不动作。母差正常运行时计算 A、B 相有差流。

（4）事故分析结论。

1）故障点位于 220kV 高科变电站 I 电高 2 线路首端，发生 AB 相间金属性短路。

2）220kV 高科变电站内存在缺陷。高科变电站 I 电高 2 电流 A、B 相接反。

4.1.2　线路单相经 150Ω 接地故障分析

案例：I 电高线，高科变电站侧 A 相经 150Ω 过渡电阻接地故障跳闸分析

（1）系统运行方式。500kV 电科变电站 220kV 为双母线接线，智能 1 线、I 电高 1、智能 3 线在 I 母运行；电 221、II 电高 1 在 II 母运行；母联合位运行，主变压器中性点直接接地。

220kV 高科变电站母线为双母线接线，I 电高 2 在 I 母运行；II 电高 2、高 221 在 II 母；母联合位运行，主变压器中性点直接接地。

（2）现场检查情况。500kV 电科变电站内二次设备进行全面检查，现场检查内容见表 4-4。

表 4-4　　　**500kV 电科变电站 I 电高 1 保护：PCS-931A-DA-G-R**

时间	事件
2020 年 8 月 4 日　10 时 46 分 20 秒 045 毫秒	—
0ms	保护启动
27ms	故障相别 A 相 A 纵联差动保护动作
1085ms	重合闸动作
1188ms	ABC 纵联差动保护动作
1277ms	ABC 加速联跳动作

220kV 高科变电站内二次设备进行全面检查，现场检查内容见表 4-5。

表 4-5　　　**220kV 高科变电站 I 电高 2 线路保护：PCS-931A-DA-G-R**

时间	事件
2020 年 8 月 4 日　10 时 46 分 20 秒 019 毫秒	—
0ms	保护启动
53ms	故障相别 A 相 A 纵联差动保护动作
1104ms	重合闸动作
1214ms	ABC 纵联差动保护动作
1240ms	ABC 零序加速动作
1303ms	ABC 加速联跳动作

（3）录波分析。

1）电科变电站录波。如图 4-3 所示，故障后，Ⅰ电高 1 A 相电流升高，B、C 相电流近似不变，有零序电流、零序电压产生，A 相电压略微下降，A 相有差流，推测是 A 相经过渡电阻接地故障。

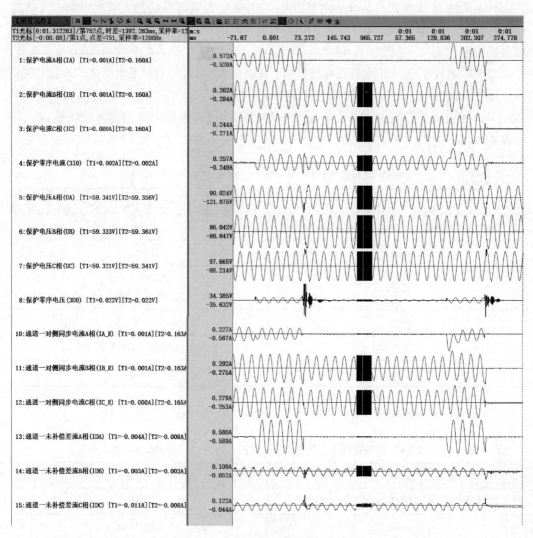

图 4-3　Ⅰ电高 1 保护装置录波

2）高科变电站录波。如图 4-4 所示，故障后，Ⅰ电高 2 A 相电流降低，有零序电流、零序电压产生，A 相电压略微下降，A 相有差流，并且本侧零序电流远大于Ⅰ电高 1 侧，本侧零序电压大于Ⅰ电高 1 侧，结合Ⅰ电高 1 波形特点，可判断出在Ⅰ电高 2 近端发生 A 相经过渡电阻接地故障。

重合后加速跳闸，表明故障未消失，判断为永久性故障。

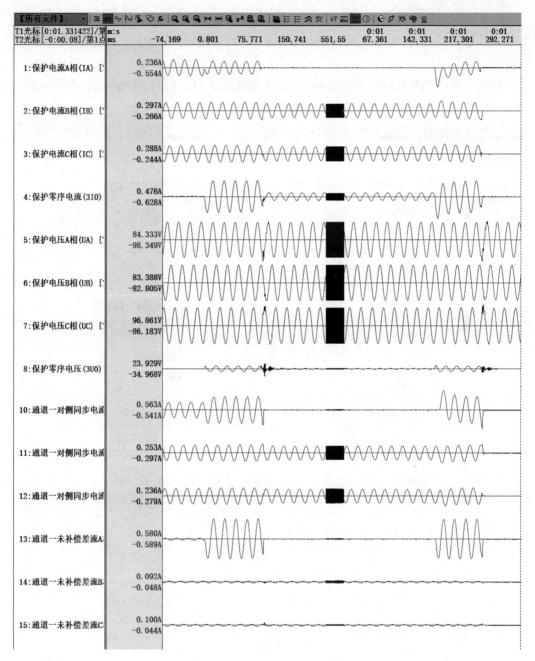

图 4-4　Ⅰ电高 2 保护装置录波

（4）事故分析结论。故障点位于 220kV 高科变电站Ⅰ电高 2 线路首端，发生 A 相经过渡电阻接地永久性故障。

4.1.3　双回线跨线短路故障分析

案例：220kV 线路Ⅰ电高线 A 相跨接到Ⅱ电高线 B 相故障跳闸分析

（1）系统运行方式。500kV 电科变电站 220kV 为双母线接线，Ⅰ电高 1、智能 1 线、智能 3 线在Ⅰ母运行；电 221、Ⅱ电高 1 在Ⅱ母运行；母联合位运行，主变压器中性点直接接地。

220kV 高科变电站母线为双母线接线，Ⅰ电高 2 在Ⅰ母运行；Ⅱ电高 2、高 221 在Ⅱ母；母联合位运行，主变压器中性点直接接地。

（2）现场检查情况。500kV 电科变电站内二次设备进行全面检查，现场检查内容见表 4-6、表 4-7。

表 4-6　　　500kV 电科变电站Ⅰ电高 1 保护：PCS-931A-DA-G-R 线路保护

时间	事件
2020 年 8 月 5 日　10 时 06 分 25 秒 014 毫秒	—
0ms	保护启动
08ms	故障相别 A 纵联差动保护动作
1069ms	重合闸动作
1178ms	距离加速动作
1193ms	纵联差动保护动作
1216ms	零序加速动作
1268ms	加速联跳动作

表 4-7　　　500kV 电科变电站Ⅱ电高 1 线路保护：CSC-103-DA-G-RP

时间	事件
2020 年 8 月 5 日　10 时 06 分 25 秒 013 毫秒	—
3ms	保护启动
16ms	故障相别 B 纵联差动保护动作
86ms	单跳启动重合闸
1087ms	重合闸动作
1183ms	纵联差动保护动作
1186ms	距离Ⅱ段加速动作
1186ms	距离加速动作

220kV 高科变电站内二次设备进行全面检查，现场检查内容见表 4-8、表 4-9。

表 4-8　　　　220kV 高科变电站Ⅰ电高 2 线路保护：PCS-931A-DA-G-R

时间	事件
2020 年 8 月 5 日　10 时 06 分 25 秒 015 毫秒	—
0ms	保护启动
8ms	故障相别 A 相 ABC 纵联差动保护动作
1063ms	重合闸动作
1177ms	距离加速动作
1193ms	纵联差动保护动作
1212ms	零序加速动作
1266ms	加速联跳动作

表 4-9　　　220kV 高科变电站Ⅱ电高 2 线路保护：CSC-150A-DA-G-RP

时间	事件
2020 年 8 月 5 日　10 时 06 分 25 秒 010 毫秒	—
0ms	保护启动
13ms	故障相别 B 相 纵联差动保护动作
28ms	接地距离 I 段动作
81ms	单跳启动重合
1082ms	重合闸动作
1174ms	纵联差动保护动作
1190ms	距离Ⅱ段加速动作
1190ms	距离加速动作

（3）录波分析。

1）电科变电站录波。保护启动前，Ⅰ电高线电流、电压三相幅值正常，相位正序，无零序电压和零序电流。

保护启动，电科变电站母线 A、B 相电压幅值均出现下降，C 相电压与故障前保持不变，无零序电压，可得出为 AB 相间短路非接地故障。故障发生时刻（2020 年 8 月 5 日 10 时 06 分 25 秒 040 毫秒），Ⅰ电高 1 A 相电流（1.327∠-146.98°A）、B 相电流（0.523∠45.56°A）录波如图 4-5 所示，Ⅱ电高 1 A 相电流（0.649∠-143.009°A）、B 相电流（1.207∠34.458°A）录波如图 4-6 所示。

2）高科变电站录波。保护启动前，Ⅱ电高线电流、电压三相幅值正常，相位正序，无零序电压和零序电流。

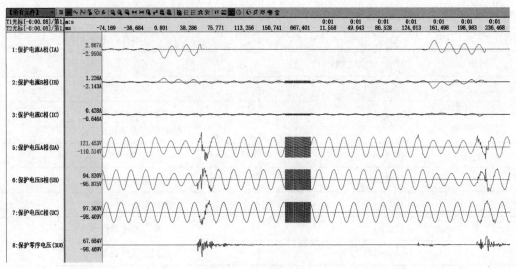

图 4-5　Ⅰ电高 1 录波

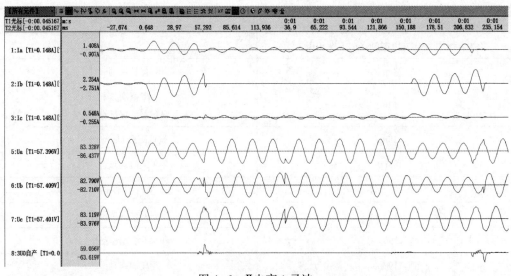

图 4-6　Ⅱ电高 1 录波

保护启动，高科变电站母线 A、B 相电压幅值均出现下降，C 相电压与故障前保持不变，无零序电压，可得出为 AB 相间短路非接地故障。故障发生时刻（2020 年 8 月 5 日 10 时 06 分 25 秒 040 毫秒），Ⅰ电高 2 A 相电流（1.125∠-158.742° A）、B 相电流（0.528∠-134.745° A）录波如图 4-7 所示，Ⅱ电高 2 A 相电流（0.651∠36.109° A）、B 相电流（1.250∠18.579° A）录波如图 4-8 所示。

从电科变电站与高科变电站录波分析中可看出，对于Ⅰ电高线路两端，B 相电流大小几乎相等、方向相反，为穿越性电流；对于Ⅱ电高线路两端，A 相电流大小几乎相等、方向相反，为穿越性电流，可得出 AB 两相短路发生在Ⅰ电高线 A 线与Ⅱ电高线 B 相，属于跨线故障。随着保护动作并重合，故障电流再次出现，判断为永久性故障。通过以上录波特征判断故障应为Ⅰ电高线 A 相跨接到Ⅱ电高线 B 相永久性短路故障。结合动作报文可知，Ⅰ电高线差动动作，故障相别 A 相，重合后加速跳闸；Ⅱ电高线差动动作，故障相别 B 相，重合后加速跳闸，与以上录波判断相符，保护应属于正确动作。

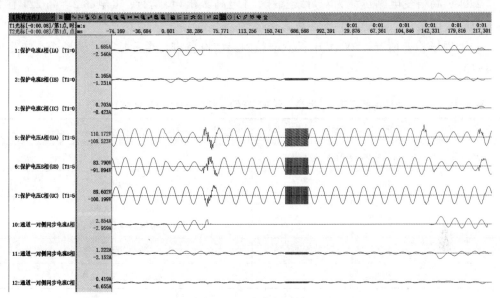

图 4-7　Ⅰ电高 2 录波

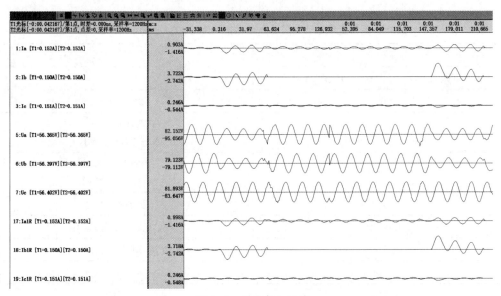

图 4-8　Ⅱ电高 2 录波

（4）事故分析结论。故障类型为Ⅰ电高 A 相与Ⅱ电高 B 相相间跨线故障。

4.1.4　线路一次断线后接地故障分析

案例：Ⅰ电高线 A 相断线后接地故障跳闸分析

（1）系统运行方式。500kV 电科变电站 220kV 为双母线接线，Ⅰ电高 1、智能 1 线、智能 3 线在Ⅰ母运行；电 221、Ⅱ电高 1 在Ⅱ母运行；母联合位运行，主变压器中性点直接接地。

220kV 高科变电站母线为双母线接线，Ⅰ电高 2 在Ⅰ母运行；Ⅱ电高 2、高 221 在Ⅱ母；母联合位运行，主变压器中性点直接接地。

（2）现场检查情况。500kV 电科变电站内二次设备进行全面检查，现场检查内容见表 4-10。

表 4-10　　500kV 电科变电站Ⅰ电高 1 保护：PCS-931A-DA-G-R 线路保护

时间	事件
2020 年 8 月 5 日　11 时 09 分 01 秒 023 毫秒	—
0ms	保护启动
202ms	故障相别 A 相 A 纵联差动保护动作
1243ms	重合闸动作
1389ms	ABC 加速联跳动作

220kV 高科变电站内二次设备进行全面检查，现场检查内容见表 4-11。

表 4-11　　220kV 高科变电站Ⅰ电高 2 线路保护：PCS-931A-DA-G-R

时间	事件
2020 年 8 月 5 日　11 时 09 分 01 秒 024 毫秒	—
0ms	保护启动
203ms	故障相别 A 相 A 纵联差动保护动作
235ms	故障相别 A 相 A 接地距离Ⅰ段动作
1261ms	重合闸动作
1343ms	ABC 纵联差动保护动作
1352ms	ABC 距离加速动作
1375ms	ABC 接地距离Ⅰ段动作
1394ms	ABC 零序加速动作
1459ms	ABC 加速联跳动作

（3）录波分析。

1）电科变电站录波。如图 4-9 所示，保护启动时，电科变电站Ⅰ电高 1 三相电压正常，A 相电流由负荷电流 0.149A 减少接近为零，对侧电流同样接近为零，然后

190ms 之后，本侧 A 相电流不变，对侧 A 相电流增大，本侧零序电流增大，零序电压增大，线路 A 相差流增大，因此推测故障为首先为线路 A 相断线，然后在 I 电高 2 侧发生 A 相金属性接地短路故障。

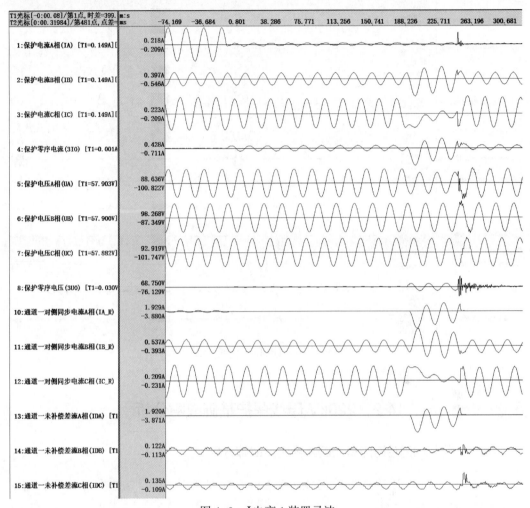

图 4-9　I 电高 1 装置录波

2）高科变电站录波。如图 4-10 所示，保护启动时，电科变电站 I 电高 2 三相电压正常，A 相电流由负荷电流 0.149A 减少接近为零，对侧电流同样接近为零，然后 190ms 之后，本侧 A 相电流增大，对侧 A 相电流不变，本侧零序电流增大，零序电压增大，线路 A 相差流增大，因此验证了故障首先为线路 A 相断线，然后在 I 电高 2 侧发生 A 相金属性接地短路故障。

（4）事故分析结论。

1）故障为 I 电高线 A 相断线。

2）I 电高 2 侧发生 A 相金属性接地短路故障。

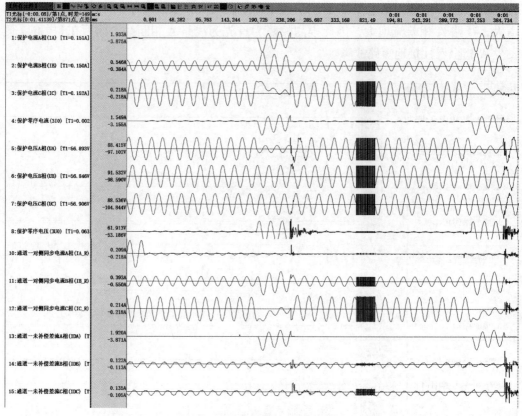

图 4-10　Ⅰ电高 2 装置录波

4.2　220kV 母线保护基础故障分析

4.2.1　母线相间短路时母联断路器失灵故障分析

案例：500kV 电科变电站 220kV 电 220 母联断路器失灵，220kV 母线Ⅰ母 AB 相间故障跳闸故障分析。

（1）系统运行方式。500kV 电科变电站 220kV 为双母线接线，Ⅰ电高 1、智能 1 线、智能 3 线在Ⅰ母运行；电 221、Ⅱ电高 1 在Ⅱ母运行；母联合位运行，主变压器中性点直接接地。

220kV 高科变电站母线为双母线接线，Ⅰ电高 2 在Ⅰ母运行；Ⅱ电高 2、高 221 在Ⅱ母；母联合位运行，主变压器中性点直接接地。

（2）现场检查情况。500kV 电科变电站内二次设备进行全面检查，现场检查内容见表 4-12。

（3）录波分析。保护启动前，电科变电站 220kV 母线电压三相幅值正常，相位正序，无零序电压，母差无大差、小差电流。

表 4-12　500kV 电科变电站 220kV 母线保护：许继电气 WMH-801A-DA-G

时间	事件
2020 年 8 月 5 日　13 时 03 分 18 秒 752 毫秒	—
0ms	保护启动
0ms	I 母差保护动作 I 母差保护跳母联 母联跳闸出口 智能 1 线跳闸出口 I 电高线跳闸出口 智能 3 线跳闸出口
17ms	I 母差保护故障信息 故障相别 AB
164ms	大差后备动作
180ms	大差动作故障信息 故障相别 AB
253ms	母联失灵保护动作
258ms	主变压器 1 跳闸出口 II 电高线跳闸出口

保护启动后，I、II 母电压 A、B 相均有所下降并不为 0，A、B 相电压大小相等、相位相同，C 相电压与故障前保持不变，无零序电压。并且母差大差 A 相差流、B 相差流大小相同，方向相反，I 母小差 A 相差流与 B 相差流大小相等方向相反，II 母小差 ABC 相均无差流，通过以上录波特征判断为 I 母 AB 相间金属性短路故障，如图 4-11 所示。

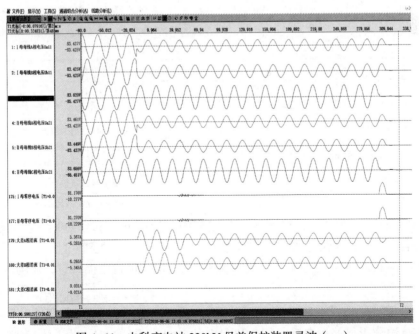

图 4-11　电科变电站 220kV 母差保护装置录波（一）

（4）事故分析结论。故障点位于 500kV 电科变电站Ⅰ母母线上，发生 AB 相间金属性短路。

4.2.2　母联死区 A 相断线后接地故障分析

案例：500kV 电科变电站 220kV 侧，在电 220 母联断路器与母联 TA 之间 A 相一次断线后，发生接地故障跳闸分析。

（1）系统运行方式。500kV 电科变电站 220kV 为双母线接线，Ⅰ电高 1、智能 1 线、智能 3 线在Ⅰ母运行；电 221、Ⅱ电高 1 在Ⅱ母运行；母联合位运行，主变压器中性点直接接地。

220kV 高科变电站母线为双母线接线，Ⅰ电高 2 在Ⅰ母运行；Ⅱ电高 2、高 221 在Ⅱ母；母联合位运行，主变压器中性点直接接地。

（2）现场检查情况。500kV 电科变电站内二次设备进行全面检查，现场检查内容见表 4-13。

表 4-13　500kV 电科变电站 220kV 母线保护：许继电气 WMH-801A-DA-G

时间	事件
2020 年 8 月 5 日　13 时 34 分 10 秒 015 毫秒	—
0ms	保护启动
206ms	Ⅰ母差保护动作 Ⅰ母差保护跳母联 智能 1 线跳闸出口 Ⅰ电高线跳闸出口 智能 3 线跳闸出口
222ms	Ⅰ母差保护故障信息 A 相
366ms	大差后备动作
383ms	大差动作故障信息 A 相
414ms	Ⅱ母差保护动作 Ⅱ母差保护跳母联 主变压器 1 跳闸出口 Ⅱ电高线跳闸出口
431ms	Ⅱ母差保护故障信息 A 相
458ms	母联失灵保护动作
463ms	智能 1 线跳闸出口 Ⅰ电高线跳闸出口 智能 3 线跳闸出口

（3）录波分析。保护启动前，电科变电站 220kV 母线电压三相幅值正常，相位正

序，无零序电压，电 220 母联电流三相幅值正常，相位正序，母差无大差、无小差电流；保护启动后，电 220 母联 A 相电流为 0，Ⅰ母电压、Ⅱ母电压与故障前一致且母线大差 ABC 三相均无差流，Ⅰ、Ⅱ母小差 ABC 无差流，初步判断为电 220 母联 A 相出现一次系统断线。

约 192ms 后Ⅱ母 A 相电压变为 0，母联电流突然增大，大差 A 相、Ⅰ母小差 A 相均出现差流，初步判断在Ⅰ母保护范围内发生 A 相金属性接地故障；同时Ⅰ母动作跳开所有支路与母联，收到母联跳位后，母联 BC 相电流消失，A 相故障电流持续，并且收到母联跳位后 150ms，发生母联死区故障封 TA 的 goose 变位，综合以上录波特征，判断发生电 220 母联 TA 与断路器之间发生一次 A 相断线后金属性接地短路故障，如图 4-12 所示。

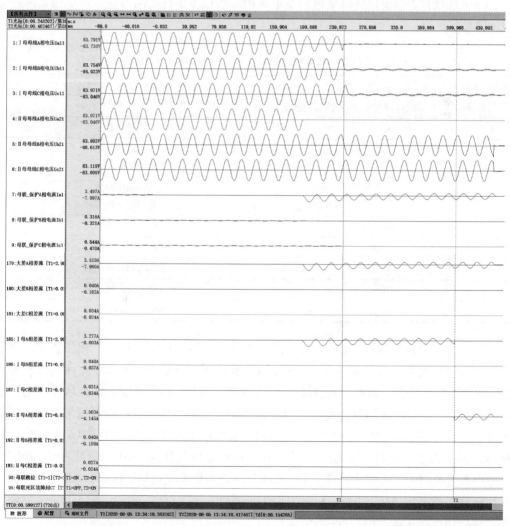

图 4-12　500kV 电科变电站 220kV 母线保护装置录波（二）

（4）事故分析结论。故障点位于 500kV 电科变电站 220kV 母线保护母联断路器与 TA 之间，发生了一次 A 相断线后金属性接地故障。

4.2.3　线路死区故障时母联 TA 断线故障分析

> 案例：220kV 电科变电站Ⅰ电高 1 断路器与 TA 间发生死区 AB 两相短路故障，同时电科变电站 220kV 母联 TA 断线，故障跳闸分析。

（1）系统运行方式。500kV 电科变电站 220kV 为双母线接线，Ⅰ电高 1、智能 1 线、智能 3 线在Ⅰ母运行；电 221、Ⅱ电高 1 在Ⅱ母运行；母联合位运行，主变压器中性点直接接地。

220kV 高科变电站母线为双母线接线，Ⅰ电高 2 在Ⅰ母运行；Ⅱ电高 2、高 221 在Ⅱ母；母联合位运行，主变压器中性点直接接地。

（2）现场检查情况。500kV 电科变电站内二次设备进行全面检查，现场检查内容见表 4-14。

表 4-14　　　　500kV 电科变电站母线保护：WMH-801A-DA-G 母线保护

时间	事件
2020 年 8 月 5 日　13 时 58 分 44 秒 879 毫秒	—
0ms	保护启动
0ms	故障相别 AB Ⅰ母差保护跳母联
0ms	故障相别 AB Ⅱ母差保护跳母联
0ms	母联跳闸出口
104ms	Ⅰ母差保护动作
104ms	智能 1 线跳闸出口
104ms	Ⅰ电高线跳闸出口
104ms	智能 3 线跳闸出口

（3）录波分析。保护启动前，Ⅰ电高 1 电流、电压三相幅值正常，相位正序，无零序电压和零序电流。电科变电站母线保护Ⅰ、Ⅱ母有小差差流，无大差差流且保护装置报母联 TA 断线告警，母联支路无流，说明母联二次 TA 存在断线；保护启动，电科变电站母线 A、B 相电压幅值均有所下降，幅值相等、相位相同，C 相电压与故障前保持不变且无零序电压，母线出现大差差流且Ⅰ、Ⅱ母小差差流增大，如图 4-13、图 4-14 所示。通过以上录波特征判断为母线区内 AB 相金属性短路。40ms 母联断路器跳开，Ⅱ母小差差流消失，说明故障位于Ⅰ母母线。结合动作报文可知，0msⅠ、Ⅱ母差保护动作跳母联，故障相 AB，104msⅠ母差保护动作跳开Ⅰ母上所有支路，与以上录波判断相符，保护应属于正确动作。

（4）事故分析结论。

1）故障点位于 500kV 电科变电站Ⅰ母区内，发生 AB 相间金属性短路。

2）500kV 电科变电站内存在缺陷。220 母联 TA 二次回路断线。

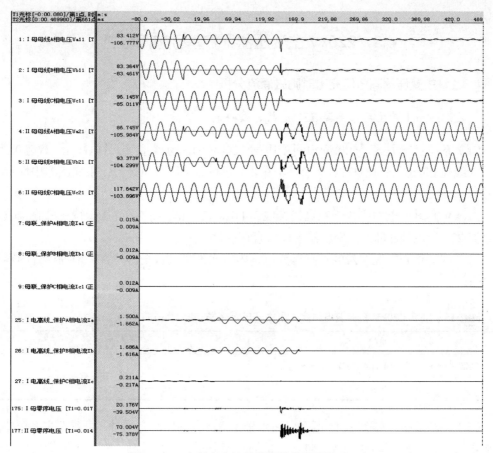

图 4-13　电科变电站母线保护装置录波（一）

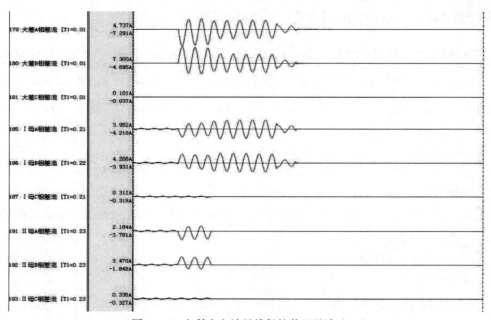

图 4-14　电科变电站母线保护装置录波（二）

4.3 220kV 主变压器保护基础故障分析

4.3.1 主变压器高压侧充电时励磁涌流分析

案例：高 1 号主变压器高 221 充电时励磁涌流分析。

（1）系统运行方式。500kV 电科变电站 220kV 为双母线接线，I 电高 1、智能 1 线、智能 3 线在 I 母运行；电 221、Ⅱ 电高 1 在 Ⅱ 母运行；母联合位运行，主变压器中性点直接接地。

220kV 高科变电站母线为双母线接线，I 电高 2、Ⅱ 电高 2 在 I 母运行；母联合位运行；高 221 充电到 Ⅱ 母，主变压器中性点直接接地。

（2）现场检查情况。220kV 高科变电站内二次设备进行全面检查，现场检查内容见表 4-15。

表 4-15　　　　220kV 高科变电站高 1 号主变压器保护：PCS-978T2-DA-G

时间	事件
2020 年 8 月 5 日　14 时 48 分 23 秒 020 毫秒	—
0ms	保护启动

（3）录波分析。如图 4-15 所示，高 1 号主变压器高压侧充电时，可看到主变压器高压侧电流偏向于时间轴的一侧，包含大量的直流分量，波形间断，在一个周期内正半波与负半波差别很大，并且还有大量的二次谐波，三相电流之和近似为零，三相电流逐渐衰减，而且此时励磁涌流为纵差差流，符合主变压器励磁涌流的特征。

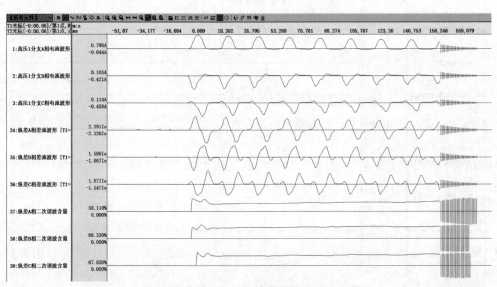

图 4-15　高 1 号主变压器保护装置录波

4.3.2　主变压器低压侧区内外转换型故障分析

案例：220kV 高科变电站 1 号主变压器低压侧区外 A 相永久金属性接地、区外 AB 两相永久金属性接地、区内 C 相接地。

（1）系统运行方式。220kV 高科变电站母线为双母线接线，Ⅰ电高 2 在Ⅰ母运行；Ⅱ电高 2、高 221 在Ⅱ母；母联合位运行，1 号主变压器接线形式 Ynynd11，中、低压侧空载。

（2）现场检查情况。220kV 高科变电站内二次设备进行全面检查，现场检查内容见表 4-16。

表 4-16　　　220kV 高 1 号主变压器保护：南瑞继保 PCS-978T2-DA-G

时间	事件
2020 年 8 月 10 日　14 时 30 分 36 秒 648 毫秒	—
0ms	保护启动
223ms	AC 纵差保护 跳高压侧，跳中压侧 跳低压 1 分支

（3）录波分析。故障发生前，1 号主变压器高、中、低三侧三相电压幅值正常（约 60V）、相位正序。100ms，低压侧 A 相电压降低为 0，B、C 相电压升高为 101V 左右（约 $\sqrt{3}$ 倍相电压），并伴有消顶现象。高、中压侧三相电压无明显异常。主变压器三侧均无电流。考虑主变压器低压侧为小电流接地系统，单相接地时故障电流仅为容性电流。根据以上录波特征，推测主变压器低压侧出口处发生 A 相金属性接地故障。

300ms，低压侧 B 相电压亦降低为 0，C 相电压下降至 93V（约 1.5 倍相电压）。高压侧 A、C 相电压有所下降，但幅值相等，相位差大于 120°，B 相电压明显降低，无零序电压。中压侧电压特征与高压侧相同。低压侧 A、B 相电流幅值相等，相位反相，符合两相金属性短路电流特征。高压侧 B 相电流幅值最大，A、C 相电流幅值相等，约为 B 相电流幅值一半；A、C 两相相位相同，与 B 相反相。根据录波特征，结合理论分析，可判为低压侧区外出口处 AB 两相金属性短路接地。

500ms，低压侧 C 相电压降低为 0，此时主变压器低压侧三相均无电压。低压侧 A、B 相电流增大且幅值相等、相位正序，C 相电流录波为 0。高压侧三相电压明显下降，幅值相等、相位正序，中压侧电压特征与高压侧相同。高压侧三相电流增大、幅值相等、相位正序。结合理论分析，推测低压侧 C 相金属性接地短路且 C 相短路电在主变压器保护区内，故低压侧 C 相 TA 无电流流过，录波电流为 0，如图 4-16 所示。

（4）事故分析结论。高科变电站 1 号主变压器低压侧发生三次故障，按故障发展顺序，低压侧区外 A 相金属性接地、区外出口处 AB 两相金属性接地、区内 C 相金属性接地。

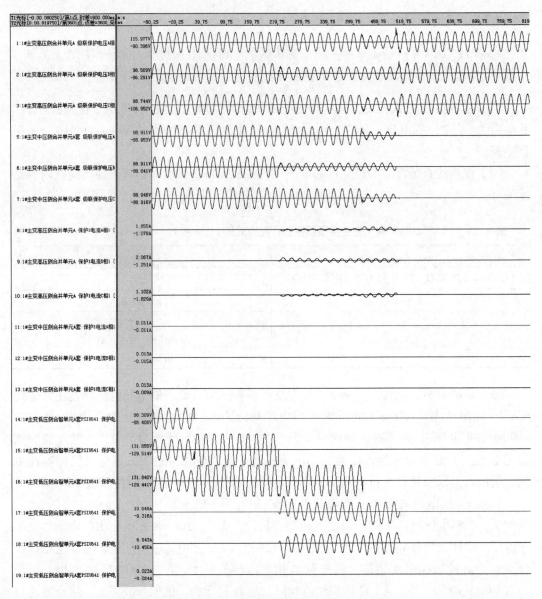

图 4-16　高 1 号主变压器电流、电压录波

4.3.3　主变压器高压侧单相接地故障分析

案例：220kV 高科变电站 1 号主变压器高 221 断路器与 TA 之间 A 相金属性接地故障。

（1）系统运行方式。220kV 高科变电站母线为双母线接线，I 电高 2 在 I 母运行；II 电高 2、高 221 在 II 母；母联合位运行，1 号主变压器接线形式 Ynynd11，中压侧空载，低压侧是带有电源的负荷侧。

（2）现场检查情况。220kV 高科变电站内二次设备进行全面检查，现场检查内容见

表 4-17、表 4-18。

表 4-17　　　　220kV 母线保护：南瑞继保 PCS-915A-DA-G

时间	事件
2020 年 8 月 12 日　10 时 14 分 14 秒 015 毫秒	—
0ms	保护启动
5ms	A 变化量差动跳Ⅱ母 Ⅱ母差保护动作 差动保护跳母联 220 母联 220　主变压器 1　Ⅱ电高 2
23ms	A 稳态量差动跳Ⅱ母

表 4-18　　　220kV 高 1 号主变压器保护：南瑞继保 PCS-978T2-DA-G

时间	事件
2020 年 8 月 12 日　10 时 14 分 14 秒 025 毫秒	—
0ms	保护启动
2412ms	AC 低 1 复流Ⅱ段 2 时限 跳低压 1 分支

（3）录波分析。保护启动前，高科变电站系统正常运行。保护启动后，高科变电站 1 号主变压器高压侧 A 相电压降为 0，A 相电流幅值明显变大，B、C 相电压与正常运行时基本保持不变 B、C 相电流考虑故障分量与负荷电流叠加，幅值并不相等，而相位基本同相、与 A 相电流相位相差不大，经录波分析其较大零序电流分量，高压侧故障特点倾向单相金属性接地；中压侧 A 相电压下降较多，B、C 相电压与故障前基本一致，空载无电流；低压侧 A、C 相电压有所下降且幅值较接近，B 相电压与故障前基本一致，无零序电压，但 A 相电流明显增大、B 相电流保持不变、C 相电流略有增加。综合上述，高压侧 A 相呈现较为明显的 A 相金属性接地故障。结合母差保护作报文和录波显示 A 相差流，推测高科变电站 220kV Ⅱ母区内 A 相金属性接地且高压侧零序电流分配系数大于正序电流分配系数。

高 220kV 母差保护作切除高 221 所在母线。高 1 号主变压器高压侧三相电压为 0，A 相仍有电流，B、C 相无电流；中压侧 A 相电压接近于 0，B、C 相电压较正常运行有所下降；低压侧 B 相电压与正常运行基本一致，而 A、C 相电压明显下降，幅值相等且相位关于 B 相电压较为对称，低压侧 A、C 相电流幅值相等、相位反相，B 相电流为 0，故障特征较符合该接线形式变压器高压侧 A 相金属性接地短路。结合高压侧断路器状态，判断故障点可能在高压侧断路器与 TA 之间。后经时限，高 1 号主变压器复压过电流动作切除故障，如图 4-17、图 4-18 所示。

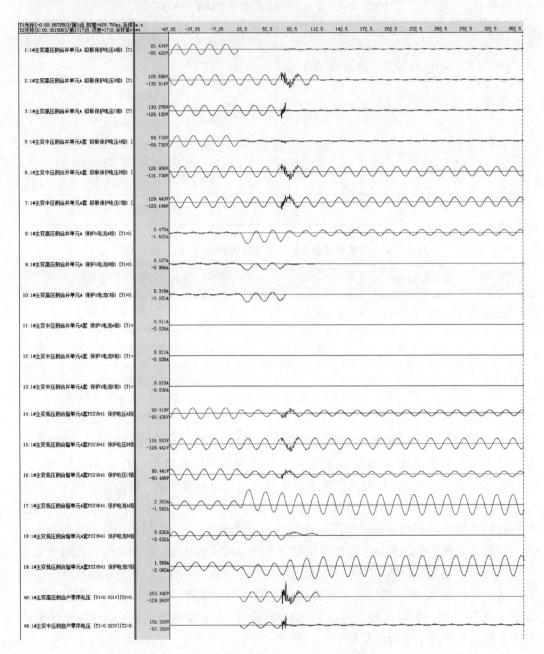

图 4-17　高 1 号主变压器电流、电压录波

（4）事故分析结论。高科变电站 1 号主变压器高 221 断路器与 TA 之间发生 A 相金属性接地。

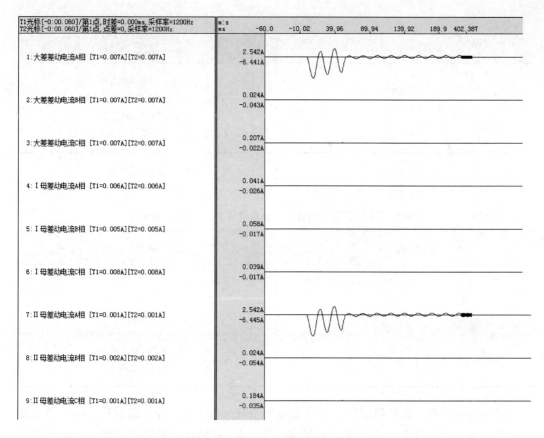

图 4-18　高科变电站母差装置录波

4.3.4　主变压器高压侧相间短路接地故障分析

案例：220kV 高科变电站 1 号主变压器高 221 断路器与 TA 之间 AB 两相金属性短路故障。

（1）系统运行方式。220kV 高科变电站母线为双母线接线，I 电高 2 在 I 母运行；II 电高 2、高 221 在 II 母；母联合位运行，1 号主变压器接线形式 Ynynd11，中压侧空载，低压侧是带有电源的负荷侧。

（2）现场检查情况。20kV 高科变电站内二次设备进行全面检查，现场检查内容见表 4-19、表 4-20。

表 4-19　　　　　　　220kV 母线保护：南瑞继保 PCS-915A-DA-G

时间	事件
2020 年 8 月 12 日　09 时 55 分 16 秒 015 毫秒	—
0ms	保护启动

时间	事件
4ms	AB 变化量差动跳Ⅱ母 Ⅱ母差保护动作 差动保护跳母联 220 母联 220　主变压器 1　Ⅱ电高 2
23ms	AB 稳态量差动跳Ⅱ母

表 4-20　　　　220kV 高 1 号主变压器保护：南瑞继保 PCS-915A-DA-G

时间	事件
2020 年 8 月 12 日　09 时 55 分 16 秒 031 毫秒	—
0ms	保护启动
805ms	A 低 1 复流Ⅰ段 1 时限 跳低压 1 分支

（3）录波分析。保护启动前，高科变电站系统运行正常。保护启动后，高 1 号主变压器高压侧 C 相电压幅值与正常运行基本一致，A、B 两相电压幅值相等，均为 C 相电压幅值一半。A、B 两相相位一致，与 C 相反相，无零序电压；考虑负荷电流与故障分量叠加，A、B 两相电流幅值相差不大，相位接近反相，C 相电流与故障前没有明显变化，无零序电流，高压侧呈现两相金属性短路特征；中压侧电压特征与高压侧一致，空载无电流；低压侧 A 相电压降低较多，B、C 两相电压幅值接近、相位近似反相，A 相电流明显增大，考虑负荷电流叠加，B、C 相电流幅值和相位各不相同。结合高压侧母差保护动作以及录波显示 AB 相差流，推测高科变电站 220kV Ⅱ母区内 AB 两相金属性短路。

高 220kV 母差保护动作切除高 221 所在母线。高 1 号主变压器高压侧三相电压为 0，A、B 两相电流幅值相等、相位相反，C 相无电流，无零序电流；中压侧电压特征与高压侧相同，无电流；低压侧 A 相电压较小、电流较大，与高 221 断路器跳开前故障态时没有明显变化，B、C 两相电压幅值相等、相位接近 180°，B、C 两相电流幅值相等且是 A 相电流幅值一半、相位均与 A 相相反，无零序电压和零序电流。故障特征明显符 YNd11 变压器高压侧两相金属性短路。考虑高 221 断路器此时已跳开，推测故障点在高 221 断路器与 TA 之间，如图 4-19、图 4-20 所示。

（4）事故分析结论。高科变电站 1 号主变压器高 221 断路器与 TA 之间发生 AB 两相金属性短路。

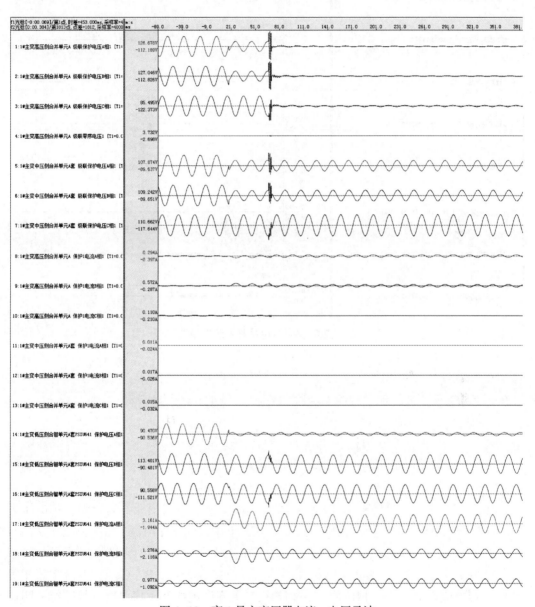

图 4-19 高 1 号主变压器电流、电压录波

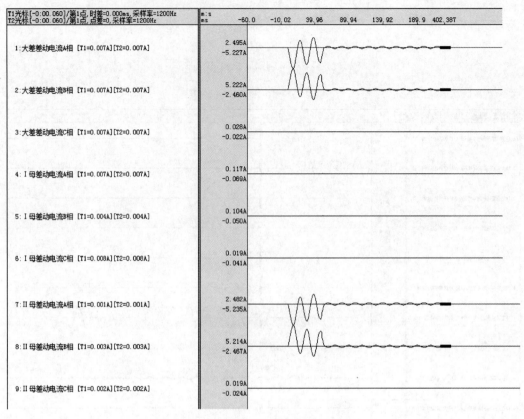

图 4-20　高科变电站母差装置录波

5 继电保护综合故障案例分析

5.1 综合性故障案例分析

综合性故障案例是在河南省电力系统保护与可控制技术试验室进行模拟仿真，试验室搭建了 500kV 电科变电站、220kV 高科变电站两个模拟变电站，其中一次系统采用 DDRTS 电磁暂态仿真系统，一次系统断路器采用模拟断路器装置，变电站内合并单元、保护、智能终端使用实际装置，试验室内智能二次设备均采用单套配置。其中 TV、TA 采用功率放大器模拟，试验室接线方式如图 5-1 所示，保护配置型号见表 5-1。

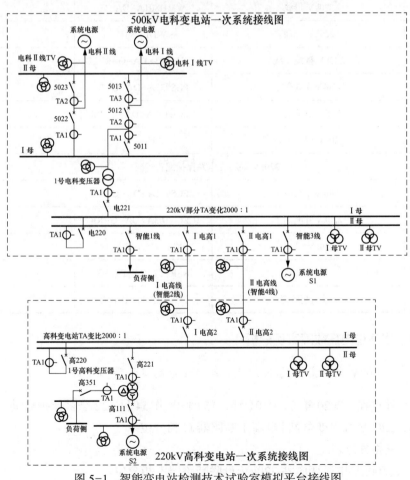

图 5-1 智能变电站检测技术试验室模拟平台接线图

表 5-1   **500kV 电科变电站和 220kV 高科变电站保护配置情况**

序号	间隔名称	保护型号	备注
1	500kV 电科Ⅱ线	PSL603UV-IA	
2	500kV 电科Ⅰ线	PCS-931GYM-D	
3	5023	CSC121AE	
4	5022	CSC121AE	
5	5013	PCS-921A-DA-G	
6	5012	PCS-921G-D	
7	5011	PCS-921G-D	
8	500kV Ⅱ母	PCS-915GD-D	
9	500kV Ⅰ母	BP-2CC-DA-G	
10	1 号主变压器	PST1200U	
11	220kV 母线	WMH801A-DA-G	
12	220kV 母联	WDLK861	
13	220kV 智能 1 线	WXH-803-DA-G-RPLD	
14	220kV Ⅰ电高 1	PCS931A-DA-G-R	
15	220kV Ⅱ电高 1	CSC-103A-DA-G-RP	
16	220kV 智能 3 线	PRS-753	
220kV 高科变电站保护配置情况			
1	220kV Ⅰ电高 2	PCS931A-DA-G-R	
2	220kV Ⅱ电高 2	CSC-103A-DA-G-RP	
3	220kV 母线	PCS-915A-DA-G	
4	220kV 母联	NSR-322CA-DA-G	
5	1 号主变压器	PCS-978T2-DA-G	

5.1.1 零序过电压故障案例分析

案例：500kV 电科变电站与 220kV 高科变电站事故跳闸分析。

（1）事件过程。2020 年 09 月 01 日，15 时 38 分 54 秒 622 毫秒保护启动。

48ms，220kV 高科变电站Ⅰ电高 1 断路器 C 相分位。

155ms 三相分位。

308ms，500kV 电科变电站 220kV 母联断路器三相分位。

674ms，220kV 高科变电站高压侧断路器、中压侧断路器、低压侧断路器均分位。

（2）事件前后运行方式及断路器状态。500kV 电科变电站和 220kV 高科变电站均为智能变电站，两站所有间隔保护为单套配置。Ⅰ电高线和Ⅱ电高线是 500kV 电科变电站与 220kV 高科变电站全线同塔双回线路，高科变电站 1 号主变压器为中性点不接地。事故前和事故后变电站运行方式及断路器状态如图 5-2、图 5-3 所示。

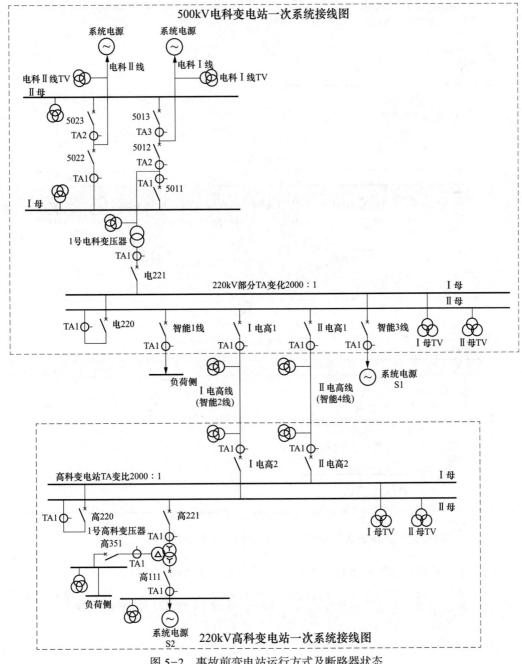

图 5-2　事故前变电站运行方式及断路器状态

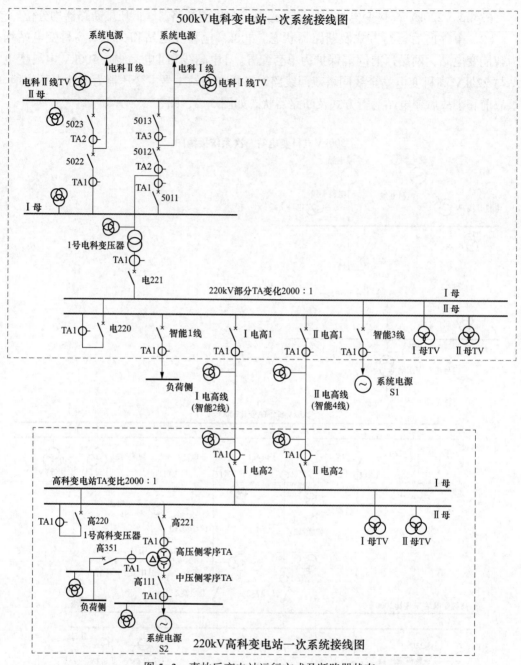

图 5-3 事故后变电站运行方式及断路器状态

（3）变电站现场情况检查见表 5-2。

（4）事故分析。故障发生时刻 2020 年 09 月 01 日 15 时 38 分 54 秒 622 毫秒，综合两个变电站保护动作情况，根据时间轴法进行分析，如图 5-4 所示。

表 5-2 变电站现场情况检查

500kV 高科变电站 220kV 侧					
间隔名称	硬压板名称	状态	间隔保护	保护软压板名称	状态
1 电 220	合并单元检修	退	电 220 保护	充电过电流保护	退
	智能终端检修	退		电流 MU 投入	投
	母联保护检修	退		跳母联出口	投
	智能终端 跳闸出口 A	投		启动失灵	投
	智能终端 跳闸出口 B	投			
	智能终端 跳闸出口 C	投			
2 220kV 侧母线	母线合并单元检修	退	220kV 侧母线 保护	母线保护	投
	母线智能终端检修	退		失灵保护	投
	母线保护检修	退		母线互联	退
				母线分裂	退
				电压接收软压板	投
				母联间隔接收软压板	投
				Ⅰ电高间隔接收软压板	投
				Ⅱ电高间隔接收软压板	投
				智能 1 线间隔接收软压板	投
				智能 3 线间隔接收软压板	投
				电 221 间隔接收软压板	投
				母联跳闸出口	投
				Ⅰ电高跳闸出口	投
				Ⅱ电高跳闸出口	投
				智能 1 线跳闸出口	投
				智能 3 线跳闸出口	投
				电 221 跳闸出口	投
				1 号主变压器失灵保护联跳出口	投
				母联失灵保护开入	投
				Ⅰ电高失灵保护开入	投
				Ⅱ电高失灵保护开入	投
				智能 1 线失灵保护开入	投
				智能 3 线失灵保护开入	投
				电 221 失灵保护开入	投

续表

序		500kV 高科变电站 220kV 侧			
	间隔名称	硬压板名称	状态	间隔保护	保护软压板名称	状态

3	220kV 侧智能1线	合并单元检修	退	220kV 侧智能1线保护	纵联差动保护	退
		智能终端检修	退		距离保护	退
		保护检修	退		零序过电流保护	退
		智能终端跳闸出口A	投		停用重合闸	退
		智能终端跳闸出口B	投		SV 接收	投
		智能终端跳闸出口C	投		跳闸发送软压板	投
		智能终端合闸出口	投		启失灵发送软压板	投
					闭锁重合闸发送	退
					重合闸发送	投
					三相不一致	退
4	220kV 侧Ⅰ电高1	合并单元检修	退	220kV 侧Ⅰ电高1保护	纵联差动保护	投
		智能终端检修	退		距离保护	投
		保护检修	退		零序过电流保护	投
		智能终端跳闸出口A	投		停用重合闸	退
		智能终端跳闸出口B	投		SV 接收	投
		智能终端跳闸出口C	投		跳闸发送软压板	退
		智能终端合闸出口	投		启失灵软发送压板	投
					闭锁重合闸	退
					重合闸	投
5	220kV 侧Ⅱ电高1	合并单元检修	退	220kV 侧Ⅱ电高1保护	纵联差动保护	投
		智能终端检修	退		距离保护	投
		保护检修	退		零序过电流保护	投
		智能终端跳闸出口A	投		停用重合闸	退

续表

			500kV 高科变电站 220kV 侧		
	间隔名称	硬压板名称	状态	间隔保护	保护软压板名称	状态

	间隔名称	硬压板名称	状态	间隔保护	保护软压板名称	状态
5	220kV 侧 Ⅱ电高 1	智能终端 跳闸出口 B	投	220kV 侧 Ⅱ电高 1 保护	SV 接收	投
		智能终端 跳闸出口 C	投		跳闸发送软压板	投
		智能终端 合闸出口	投		启失灵软发送压板	投
					永跳	投
					重合闸	投
					三相不一致	退
6	220kV 侧 智能 3 线	合并单元检修	退	220kV 侧 智能 3 线保护	纵联差动保护	退
		智能终端检修	退		距离保护	退
		保护检修	退		零序过电流保护	退
		智能终端 跳闸出口 A	投		停用重合闸	退
		智能终端 跳闸出口 B	投		SV 接收	投
		智能终端 跳闸出口 C	投		跳闸发送软压板	投
		智能终端 合闸出口	投		启失灵保护发送软压板	投
					闭锁重合闸发送	退
					重合闸发送	投

			220kV 高科变电站		
	间隔名称	硬压板名称	状态	间隔保护	软压板名称	状态

	间隔名称	硬压板名称	状态	间隔保护	软压板名称	状态
1	220kV Ⅰ电高 2	合并单元检修	退	220kV Ⅰ电高 2 保护	纵联差动保护	投
		智能终端检修	退		距离保护	投
		保护检修	退		零序过电流保护	投
		智能终端 跳闸出口 A	投		停用重合闸	退
		智能终端 跳闸出口 B	投		SV 接收	投
		智能终端 跳闸出口 C	投		跳闸发送软压板	投
		智能终端 合闸出口	投		启失灵软发送压板	投
					闭锁重合闸	退
					重合闸	投

续表

	间隔名称	硬压板名称	状态	间隔保护	保护软压板名称	状态
				500kV 高科变电站 220kV 侧		
2	220kV Ⅱ电高2	合并单元检修	退	220kV Ⅱ电高2保护	纵联差动保护	投
		智能终端检修	退		距离保护	投
		保护检修	退		零序过电流保护	投
		智能终端 跳闸出口A	投		停用重合闸	退
		智能终端 跳闸出口B	投		SV接收	投
		智能终端 跳闸出口C	投		跳闸发送软压板	投
		智能终端 合闸出口	投		启失灵软发送压板	投
					永跳	投
					重合闸	投
					三相不一致	退
3	220kV 高220	合并单元检修	退	220kV 高220保护	充电过电流保护	退
		智能终端检修	退		电流MU投入	投
		母联保护检修	退		跳母联出口	投
		智能终端 跳闸出口	投		启动失灵	投
4	高1号主变压器	高221智能终端检修	退	高1号主变压器保护	主保护	投
		高221合并单元检修	退		高压侧后备保护	投
		高111智能终端检修	退		中压侧后备保护	投
		高111合并单元检修	退		高压侧电压投入	投
		本体合并单元检修	退		中压侧电压投入	投
		高1号主变压器保护装置检修	退		高压侧_SV接收	投
		高221智能终端跳闸出口	投		中压侧_SV接收	投
		高111智能终端跳闸出口	投		高压侧失灵保护联跳开入	投
		高351合智一体装置跳闸出口	投		跳221出口	投
		备注：标黄需要到实验室重新核实			跳高压侧母联出口	投
					跳111出口	投
					启动221失灵保护	投
					跳351出口	投
					启动351失灵保护	投

500kV 高科变电站 220kV 侧					
间隔名称	硬压板名称	状态	间隔保护	保护软压板名称	状态
5 高 220kV 母线	母线合并单元检修	退	高 220kV 母线保护	母线保护	投
	母线智能终端检修	退		失灵保护	投
	母线保护检修	退		母线互联	退
				母线分裂	退
				电压接收软压板	投
				母联间隔接收软压板	投
				Ⅰ电高间隔接收软压板	投
				Ⅱ电高间隔接收软压板	投
				高 221 间隔接收软压板	投
				母联跳闸出口	投
				Ⅰ电高跳闸出口	投
				Ⅱ电高跳闸出口	投
				高 221 跳闸出口	投
				1 号主变压器失灵保护联跳出口	投
				母联失灵保护开入	投
				Ⅰ电高失灵保护开入	投
				Ⅱ电高失灵保护开入	投
				高 221 失灵保护开入	投

问题 1：220kV 高科变电站Ⅰ电高 2 线路保护 B 相跳闸，断路器跳开为 C 相，最终三相跳闸。

问题 2：500kV 电科变电站Ⅰ电高 1 线路保护 B 相跳闸、三相跳闸，断路器均未跳开。

问题 3：220kV 高科变电站主变压器保护高间隙过电流、高零序过压为什么动作。

事故逻辑分析，根据时间轴时序，分析两个变电站保护动作过程如下：

1）Ⅰ电高线两侧保护动作行为分析。0ms，Ⅰ电高线路 B 相接地故障；9ms，Ⅰ电高 1 线路保护纵联差动动作跳 B 相；20ms，接地距离Ⅰ段动作跳 B 相，根据录波文件发现电科变电站Ⅰ电高 1 断路器未跳开（查看全站软压板状态，Ⅰ电高 1 GOOSE 出口软压板未投）；11ms，Ⅰ电高 1 启动 B 相断路器失灵；160ms，单跳失败三跳，断路器仍不能跳开。

8ms，高科变电站Ⅰ电高 2 线路保护纵联差动跳 B 相；18ms，接地距离Ⅰ段跳 B 相，48ms，Ⅰ电高 2 C 相断路器跳开（查看全站 SCD 文件，Ⅰ电高 2 线路保护与Ⅰ电高 2 智能终端跳 B 与跳 C 接反），Ⅰ电高 2 侧线路保护在 C 相 TWJ 返回；50ms，后判断断路器非全相，此时 B 相仍有差流，线路保护判别非全相再故障；112ms，线路保护三跳出口；155ms，左右跳开Ⅰ电高 2 断路器三相。

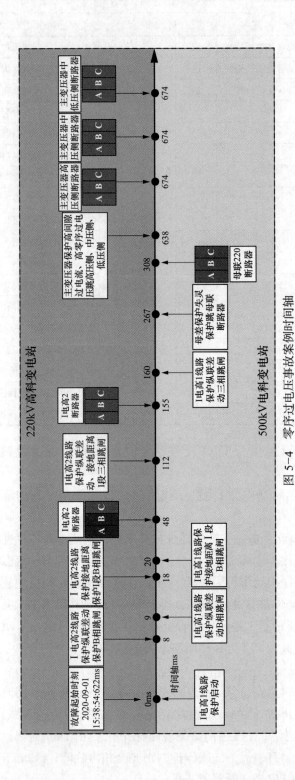

图 5-4 零序过电压事故案例时间轴

2）500kV 电科变电站 220kV 母线保护动作行为分析。11ms，电科变电站Ⅰ电高1启动 B 相断路器失灵；13ms，母线保护收到失灵开入，此时 I、Ⅱ母失灵保护电压开放，经失灵保护1时限约250ms，失灵保护跳母联，约 308ms 跳开电 220 母联三相断路器，高科变电站电网系统失去接地点，故障变为小电流接地系统单相接地故障，故障电流消失，失灵保护返回。

3）220kV 高科变电站主变压器保护动作行为分析。308ms 左右电科变电站电 220母联断路器跳开，此时高科变电站电力系统断开了 500kV 电科变电站 1 号主变压器与智能 3 线电源系统，故障点由高科变电站 1 号主变压器经Ⅱ电高线、电科变电站 220kV母线、Ⅰ电高 1 线带着故障点。由于高科变电站 1 号主变压器为不接地系统，电 220 母联断路器跳开后，高科变电站自产零序电压突然增大至约 170V（实际装置为自产零序电压，本装置自产零序电压固定为 120V，外接零序电压定值为 180），持续约 300ms 后满足高科变电站 1 号主变压器高后备零序过电压动作（核实省调定值与保护装置实际定值，主变压器零序过电压时间现场误整定为 0.3s），跳主变压器三侧，约 674ms 跳开高科变电站 1 号主变压器三侧断路器开关，故障切除。

（5）事故分析结论。

1）系统发生故障位置和类型。在 500kV 电科变电站与 22kV 高科变电站Ⅰ电高联络线上发生了 B 相接地故障。

2）变电站系统存在的缺陷。电科变电站 1 电高 1 线路保护跳闸发送软压板未投；高科变电站Ⅰ电高 2 线路保护、智能终端跳 B 相与跳 C 相虚回路接反；高科变电站 1 号主变压器零序过电压定值现场误整定为 0.3s。

5.1.2　采样回路接反故障案例分析

案例：500kV 电科变电站与 220kV 高科变电站事故跳闸分析。

（1）事件过程。2020 年 09 月 01 日，18 时 48 分 25 秒 397 毫秒为 0 时刻。

51ms，500kV 电科变电站 220kV 母联断路器三相分位。

154ms，500kV 电科变电站智能 3 线断路器三相分位。

161ms，500kV 电科变电站 1 号主变压器中压侧断路器三相分位。

509ms，500kV 电科变电站Ⅰ电高 1 断路器三相分位。

510ms，220kV 高科变电站Ⅰ电高 2 断路器三相分位。

597ms，500kV 电科变电站Ⅱ电高 1 断路器 B 相分位，AC 相合位，1663ms Ⅱ电高1 断路器三相合位。

737ms，220kV 高科变电站Ⅱ电高 2 断路器 AC 相分位，B 相合位。

937ms，220kV 高科变电站母联断路器三相分位。

（2）事件前后运行方式及断路器状态。500kV 电科变电站和 220kV 高科变电站均为智能变电站，两站所有间隔保护为单套配置。Ⅰ电高线和Ⅱ电高线是 500kV 电科变电站与 220kV 高科变电站全线同塔双回线路，高科变电站 1 号主变压器为中性点不接地（提示：该系统共发生两次一次系统故障），如图 5-5、图 5-6 所示。

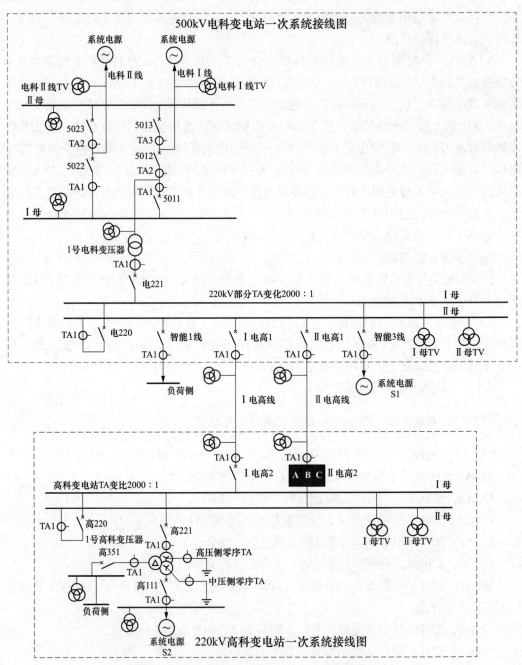

图 5-5　系统故障前变电站运行方式及断路器状态

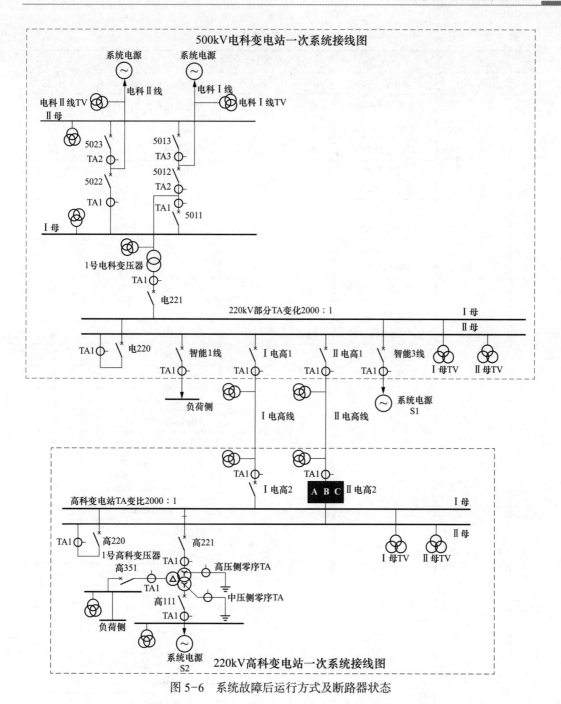

图 5-6　系统故障后运行方式及断路器状态

（3）现场检查情况见表 5-3。

表 5-3　　　　　　　　　　　现 场 检 查 情 况

500kV 电科变电站 220kV 侧					
	间隔名称	硬压板名称	状态	间隔保护	保护软压板名称	状态

序	间隔名称	硬压板名称	状态	间隔保护	保护软压板名称	状态
1	电 220	合并单元检修	退	电 220 保护	充电过电流保护	退
		智能终端检修	退		电流 MU 投入	投
		母联保护检修	退		跳母联出口	退
		智能终端跳闸出口 A	投		启动失灵	退
		智能终端跳闸出口 B	投			
		智能终端跳闸出口 C	投			
2	电 220kV 母线	母线合并单元检修	退	电 220kV 母线保护	母线保护	投
		母线智能终端检修	退		失灵保护	投
		母线保护检修	退		母线互联	退
					母线分裂	退
					电压接收软压板	投
					母联接收软压板	投
					I 电高接收软压板	投
					II 电高接收软压板	投
					智能 1 线接收软压板	投
					智能 3 线接收软压板	投
					电 221 接收软压板	投
					母联跳闸出口	投
					I 电高跳闸出口	投
					II 电高跳闸出口	投
					智能 1 线跳闸出口	投
					智能 3 线跳闸出口	投
					电 221 跳闸出口	投
					1 号主变压器失灵保护联跳出口	投
					母联失灵保护开入	投
					I 电高失灵保护开入	投
					II 电高失灵保护开入	投
					智能 1 线失灵保护开入	投
					智能 3 线失灵保护开入	投
					电 221 失灵保护开入	投

500kV 电科变电站 220kV 侧					
间隔名称	硬压板名称	状态	间隔保护	保护软压板名称	状态
3 220kV 智能 1线	合并单元检修	退	220kV 智能 1线保护	纵联差动保护	退
	智能终端检修	退		距离保护	投
	保护检修	退		零序过电流保护	投
	智能终端 跳闸出口 A	投		停用重合闸	退
	智能终端 跳闸出口 B	投		SV 接收	投
	智能终端 跳闸出口 C	投		跳闸发送软压板	投
	智能终端 合闸出口	投		启失灵保护发送软压板	投
				闭锁重合闸发送	退
				重合闸发送	投
				三相不一致	退
4 220kV I电高 1	合并单元检修	退	220kV I电高 1 保护	纵联差动保护	投
	智能终端检修	退		距离保护	投
	保护检修	退		零序过电流保护	投
	智能终端 跳闸出口 A	投		停用重合闸	退
	智能终端 跳闸出口 B	投		SV 接收	投
	智能终端 跳闸出口 C	投		跳闸发送软压板	投
	智能终端 合闸出口	投		启失灵保护软发送压板	投
				闭锁重合闸	退
				重合闸	投
5 220kV II电高 1	合并单元检修	退	220kV II电高 1 保护	纵联差动保护	投
	智能终端检修	退		距离保护	投
	保护检修	退		零序过电流保护	投
	智能终端 跳闸出口 A	投		停用重合闸	退
	智能终端 跳闸出口 B	投		SV 接收	投
	智能终端 跳闸出口 C	投		跳闸发送软压板	投

	**500kV 电科变电站 220kV 侧**				
	间隔名称	硬压板名称	状态	间隔保护	保护软压板名称	状态

	间隔名称	硬压板名称	状态	间隔保护	保护软压板名称	状态
5	220kV Ⅱ电高1	智能终端合闸出口	投	220kVⅡ电高1保护	启失灵软发送压板	投
					永跳	退
					重合闸	投
6	220kV 智能3线	合并单元检修	退	220kV 智能3线保护	纵联差动保护	退
		智能终端检修	退		距离保护	投
		保护检修	退		零序过电流保护	投
		智能终端跳闸出口A	投		停用重合闸	退
		智能终端跳闸出口B	投		SV 接收	投
		智能终端跳闸出口C	投		跳闸发送软压板	投
		智能终端合闸出口	投		启失灵保护发送软压板	投
					闭锁重合闸发送	退
					重合闸发送	投

	**220kV 高科变电站**				

	间隔名称	硬压板名称	状态	间隔保护	软压板名称	状态
1	220kV Ⅰ电高2	合并单元检修	退	220kV Ⅰ电高2保护	纵联差动保护	投
		智能终端检修	退		距离保护	投
		保护检修	退		零序过电流保护	投
		智能终端跳闸出口A	投		停用重合闸	退
		智能终端跳闸出口B	投		SV 接收	投
		智能终端跳闸出口C	投		跳闸发送软压板	投
		智能终端合闸出口	投		启失灵保护软发送压板	投
					闭锁重合闸	退
					重合闸	投
2	220kV Ⅱ电高2	合并单元检修	退	220kV Ⅱ电高2保护	纵联差动保护	投
		智能终端检修	退		距离保护	投
		保护检修	退		零序过电流保护	投
		智能终端跳闸出口A	投		停用重合闸	退

			220kV 高科变电站		
	间隔名称	硬压板名称	状态	间隔保护	软压板名称	状态

	间隔名称	硬压板名称	状态	间隔保护	软压板名称	状态
2	220kV Ⅱ电高 2	智能终端跳闸出口 B	退	220kV Ⅱ电高 2 保护	SV 接收	投
		智能终端跳闸出口 C	投		跳闸发送软压板	投
		智能终端合闸出口	投		启失灵保护软发送压板	投
					永跳	退
					重合闸	投
3	220kV 高 220	合并单元检修	退	220kV 高 220 保护	充电过电流保护	退
		智能终端检修	退		电流 MU 投入	投
		母联保护检修	退		跳母联出口	退
		智能终端跳闸出口	投		启动失灵	退
4	高 1 号主变压器	高 221 智能终端检修	退	高 1 号主变压器保护	主保护	投
		高 221 合并单元检修	退		高压侧后备保护	投
		高 111 智能终端检修	退		中压侧后备保护	投
		高 111 合并单元检修	退		高压侧电压投入	投
		本体合并单元检修	退		中压侧电压投入	投
		高 1 号主变压器保护装置检修	退		高压侧_SV 接收	投
		电 221 智能终端电 221 跳闸出口	投		中压侧_SV 接收	投
		电 111 智能终端电 111 跳闸出口	投		高压侧失灵保护联跳开入	投
					跳 221 出口	投
					跳高压侧母联出口	投
					跳 111 出口	投
					启动 221 失灵保护	投
5	高 220kV 母线	母线合并单元检修	退	高 220kV 母线保护	母线保护	投
		母线智能终端检修	退		失灵保护	投
		母线保护检修	退		母线互联	退
					母线分裂	退
					电压接收压板	投
					母联接收软压板	投
					Ⅰ电高接收软压板	投
					Ⅱ电高接收软压板	投

220kV 高科变电站					
	间隔名称	硬压板名称	状态	间隔保护	软压板名称	状态
5	高 220kV 母线			高 220kV 母线保护	高 221 接收软压板	投
					母联跳闸出口	投
					Ⅰ电高跳闸出口	投
					Ⅱ电高跳闸出口	投
					高 221 跳闸出口	投
					1 号主变压器失灵保护联跳出口	投
					母联失灵保护开入	投
					Ⅰ电高失灵保护开入	投
					Ⅱ电高失灵保护开入	投
					高 221 失灵保护开入	投

（4）事故分析。故障发生时刻 2020 年 09 月 01 日 18 时 48 分 25 秒 397 毫秒，综合两个变电站保护动作情况，根据时间轴法进行分析，如图 5-7 所示。

问题 1：500kV 电科变电站 220kV 母线保护差动跳母联与跳支路不在同一时刻，分析原因。

问题 2：Ⅰ电高线两侧保护 B 相故障，为什么直接三跳？

问题 3：220kV 高科变电站Ⅱ电高 2 断路器 B 相拒动原因。

问题 4：220kV 高科变电站母线保护收到Ⅱ电高 2 失灵保护开入至母线失灵保护跳母联断路器时间为什么为 350ms，一般失灵保护Ⅰ时限为 250ms。

事故逻辑分析，根据时间轴时序，分析两个变电站保护动作过程如下：

1）500kV 电科变电站母线保护动作行为分析。0ms，500kV 电科变电站Ⅰ母发生 A 相接地故障，查看母线保护装置录波，因故障前母联间隔 A 相电流回路发生 TA 断线，大差有差流，两母线小差均有差流，母联 TA 元件 A 相断线，2020 年 09 月 01 日 18 时 48 分 25 秒 397 毫秒发生Ⅰ母 A 相接地故障，并且母联 TA 断线相与母线故障相位为相同相别，根据母联 TA 断线逻辑，母线差动保护瞬时跳开母联断路器，延时 100ms 后故障依然存在，跳母线其他支路。实际跳开母联后Ⅱ母差保护返回，Ⅰ母仍有差流，117ms 后母线保护跳开Ⅰ母上所有元件，故障切除。

2）Ⅰ电高线两侧线路保护装置动作行为分析。Ⅰ电高 1 与Ⅱ电高 1 合并单元前三相电流交流回路电流互相接反，在 500kV 电科变电站母线故障时，虽然Ⅰ、Ⅱ电高 1 电流反接，但区外故障双回线电流一致，不产生差流。

查看Ⅰ电高 2 装置录波，Ⅰ电高 2 侧 C 相电流 TA 断线，线路保护闭锁 C 相差动，当两侧线路保护装置任意一侧保护装置判出 TA 断线时，差动保护满足条件后延时 150ms 三相跳闸并且闭锁重合闸。

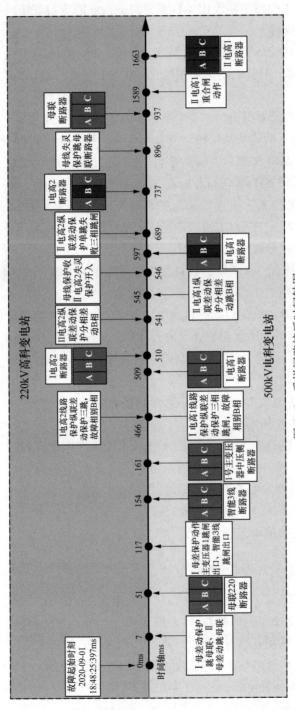

图 5-7　采样回路接反时间轴图

300ms 后，Ⅱ电高 1 出口处发生 B 相接地故障，但Ⅰ电高 1 采用的是Ⅱ电高 1 电流，Ⅰ电高线两侧将有差动电流出现，因之前 C 相 TA 断线，延时 150ms 两侧保护直接三跳。因Ⅰ电高 1 距离 1 段控制字退出（核实省调下达定值单与现场保护装置实际执行定值），接地距离 1 段拒动。

3）Ⅱ电高线两侧线路保护装置动作行为分析。300ms 故障发生时，Ⅱ电高 1 出口处发生 B 相接地故障，但Ⅱ电高 1 采用的是Ⅰ电高 1 电流，Ⅱ电高两侧电流大小相等、方向相反，无差流。

在Ⅰ电高线两侧断路器跳开后，Ⅱ电高 1 背侧电源断开，Ⅱ电高 1 故障电流为 0，Ⅱ电高 2 仍有故障电流，两侧线路保护会有差动电流，约 540ms 两侧分相差动选跳 B 相。Ⅱ电高 1 保护跳开断路器 B 相后，1s 后重合，故障已消除，重合成功。

Ⅱ电高 2 线路保护 541ms 选跳Ⅱ电高 2 断路器 B 相，同时启动失灵保护，但因智能终端出口硬压板未投入（核查现场保护装置硬压板状态），B 相跳闸失败，再延时 150ms 后单跳失败三跳，737ms Ⅱ电高 2 断路器 AC 两相分位，B 相合位。

220kV 高科变电站母线保护装置动作行为分析如下：

Ⅰ电高 2 侧 C 相电流 TA 断线，高科变电站母线保护大差、小差均有 C 相差流，但因有电压闭锁且装置判出 TA 断线，闭锁了 C 相差动保护。

Ⅱ电高 2 线路保护 546ms 启动高科变电站母线失灵保护，因失灵保护 1 时限延时误整定为 0.35s（核实省调下达保护装置定值为 0.25s），失灵保护 896ms 跳高科变电站 220 母联断路器。937ms 高科变电站 220 母联断路器跳开后，故障点隔离，失灵保护返回。

（5）事故分析结论。

1）500kV 电科变电站 220kV Ⅰ母发生 A 相接地故障。

2）母联 TA 元件 A 相断线。

3）Ⅰ电高 1 与Ⅱ电高 1 合并单元前三相电流交流回路电流互相接反。

4）Ⅰ电高 2 侧 C 相电流 TA 断线。

5）Ⅱ电高 1 出口处发生 B 相接地故障。

6）失灵保护 1 时限延时误整定为 0.35s。

5.1.3　双回线跨线故障分析

案例：500kV 电科变电站与 220kV 高科变电站Ⅰ电高线与Ⅱ电高线跨线故障跳闸分析。

（1）事件过程。2020 年 08 月 06 日，13 时 23 分 36 秒 009 毫秒保护启动。

51ms，220kV 高科变电站Ⅰ电高 2 断路器 A 相分位，561ms 三相分位。

53ms，500kV 电科变电站Ⅱ电高 1 断路器 B 相分位，592ms 三相分位。

200ms，500kV 电科变电站Ⅰ电高 1 断路器 B、C 相分位。

313ms，220kV 高科变电站高 220 断路器三相分位。

559ms，220kV 高科变电站 221 断路器三相分位。

（2）事件前后运行方式及断路器状态。500kV电科变电站220kV为双母线接线，电221、Ⅰ电高1、智能1线、智能3线在Ⅰ母运行；Ⅱ电高1在Ⅱ母运行、母联合位运行，主变压器中性点直接接地。

220kV高科变电站母线为双母线接线，Ⅰ电高2在Ⅰ母运行；高211、Ⅱ电高2在Ⅱ母，母联合位运行，主变压器中性点直接接地，如图5-8、图5-9所示。

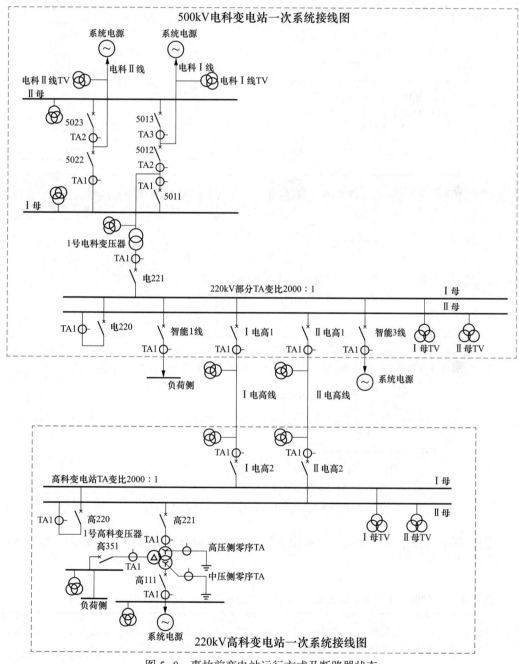

图5-8 事故前变电站运行方式及断路器状态

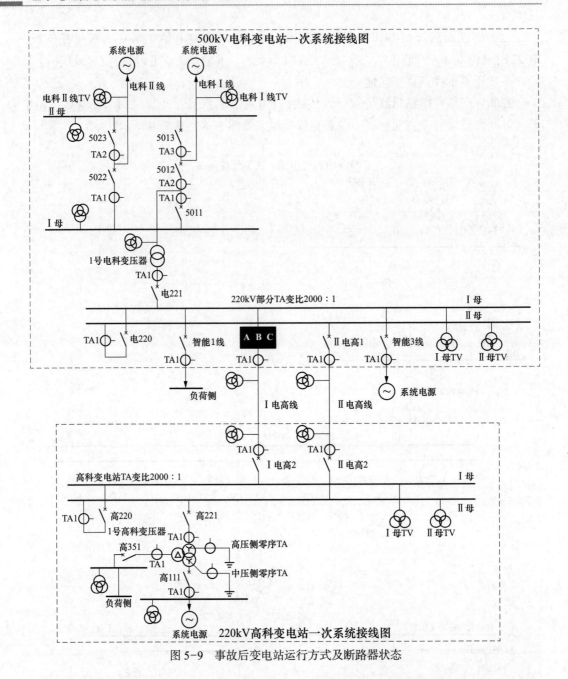

图 5-9　事故后变电站运行方式及断路器状态

（3）现场检查情况。500kV 电科变电站内二次设备进行全面检查，现场检查内容见表 5-4、表 5-5。

表 5-4　　**500kV 电科变电站 220kV Ⅰ电高 1 线路保护：PCS-931A-DA-G-R**

时间	事件
2020 年 8 月 6 日　13 时 23 分 36 秒 014 毫秒	—
0ms	保护启动

100

时间	事件
9ms	故障相别A相 A纵联差动保护动作
160ms	ABC纵联差动保护动作 ABC单跳失败三跳
416ms	ABC单相运行三跳
549ms	ABC远方其他保护动作

表5-5　　500kV电科变电站220kVⅡ电高1线路保护：CSC-103A-DA-G-RP

时间	事件
2020年8月6日　13时23分36秒015毫秒	—
5ms	保护启动
14ms	故障相别B相 B纵联差动保护动作 B分相差动动作
551ms	ABC远方其他保护动作

220kV高科变电站内二次设备进行全面检查，现场检查内容见表5-6～表5-8。

表5-6　　220kV高科变电站Ⅰ电高2线路保护：PCS-931A-DA-G-R

时间	事件
2020年8月6日　13时23分36秒015毫秒	—
0ms	保护启动
7ms	故障相别A相 A纵联差动保护动作

表5-7　　220kV高科变电站Ⅱ电高2线路保护：CSC-103A-DA-G-RP

时间	事件
2020年8月6日　13时23分36秒009毫秒	—
0ms	保护启动
16ms	故障相别B相 B纵联差动保护动作 B分相差动动作
31ms	B接地距离Ⅰ段动作
166ms	单跳失败三跳

表 5-8　　　　　　　　　　220kV 高科变电站母线保护：PCS-915A-DA-G

时间	事件
2020 年 8 月 6 日　13 时 23 分 36 秒 015 毫秒	—
0ms	保护启动 差动保护启动
13ms	失灵保护启动
267ms	失灵保护跳母联 220
517ms	Ⅰ母失灵保护动作 Ⅱ母失灵保护动作

（4）事故分析。

1）事故时序分析。故障发生时刻 2020 年 08 月 06 日　13 时 23 分 36 秒 009 毫秒，综合两个变电站保护动作情况，根据时间轴法，按顺序进行排列分析，如图 5-10 所示。

问题 1：220kV 高科变电站Ⅱ电高 2 线路保护纵联差动跳 B 相，单跳失败三跳。

问题 2：500kV 电科变电站Ⅰ电高 1 线路保护纵联差动跳 A 相，单跳失败三跳。

问题 3：220kV 高科变电站母线失灵保护为什么会动作。

问题 4：母线保护Ⅰ、Ⅱ母失灵保护为什么均动作。

问题 5：Ⅰ电高 1 线路保护收到"远方其他保护动作"后，断路器未跳开。

问题 6：Ⅰ电高 2 与Ⅱ电高 2 不在同一母线，为什么均收到"其他保护动作"信号。

问题 7：500kV 电科变电站 220kV 母线失灵保护为什么未动作。

2）事故逻辑分析。根据时间轴时序，分析两个变电站保护整个事故动作过程：如图 5-11～图 5-14 所示，Ⅰ电高线 A、B 相电流增大电压下降，并且 A 相电流大于 B 相电流，有零序电流，无零序电压，A 相有差流，B、C 相无差流，而Ⅱ电高线 A、B 相电流增大电压下降，并且 B 相电流大于 A 相电流，有零序电流，无零序电压，判断在Ⅰ电高线 A 相与Ⅱ电高线 B 相发生跨线故障。故障点无零序电流流入大地，保护安装处无零序电压，母线电压反映出相间不接地故障的特征。

Ⅰ电高 2 线路保护 13ms 纵联保护动作，14ms Ⅰ电高 1 线路纵联差动保护动作跳 A 相，由于Ⅰ电高 1 智能终端 A 相跳闸硬压板退出，A 相拒动，同时Ⅰ电高 1 保护启失灵 GOOSE 发送软压板退出，电科变电站母线失灵保护不动作。Ⅱ电高 2 线路保护 16ms 纵联差动保护动作、31ms 接地距离Ⅰ段作跳 B 相，由于Ⅱ电高 2 智能终端 A、B、C 相跳闸出口硬压板退出，三相拒动。Ⅱ电高 1 线路保护 20ms 纵联差动保护动作、分相差动保护动作跳 B 相。

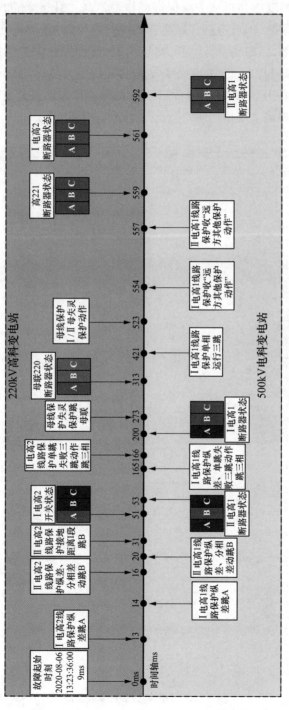

图 5-10　时间轴法

51ms Ⅰ电高 2A 相跳开，53ms Ⅱ电高 1B 相跳开，165ms Ⅰ电高 1 单跳失败跳三相，166ms Ⅱ电高 2 单跳失败三跳，200ms Ⅰ电高 1B、C 相跳开，由于Ⅱ电高 2 三相失灵，所以 273ms 电科变电站母线失灵保护动作跳母联，313ms 高 220 跳开，由于 SCD 中高科变电站母线保护订阅Ⅰ电高 2 隔离开关位置均拉成Ⅰ母隔离开关位置，高科变电站母线处于互联状态，523ms 高科变电站母线Ⅰ、Ⅱ母失灵保护动作跳电 221、Ⅰ电高 2、Ⅱ电高 2，同时向Ⅰ电高 1、Ⅱ电高 1 发送远跳信号，然后 559ms 电 221 三相跳开，561ms Ⅰ电高 2 三相跳开，592ms Ⅱ电高 1 三相跳开，此时电科变电站 220kV 侧 A 相通过Ⅰ电高 1 仍然与Ⅱ电高 2 B 相相连，但是已经没有故障电流。

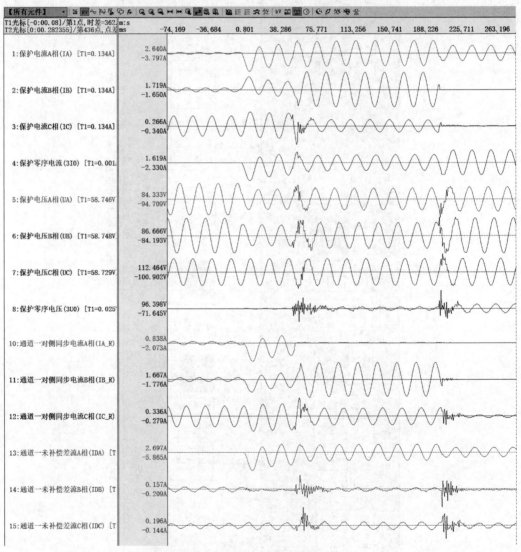

图 5-11　Ⅰ电高 1 保护装置录波

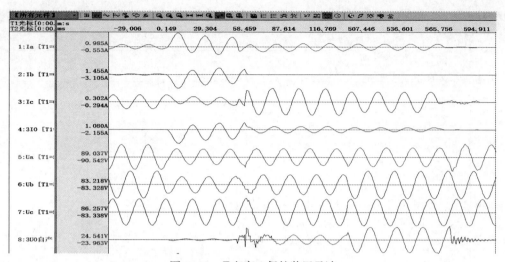

图 5-12 Ⅱ电高 1 保护装置录波

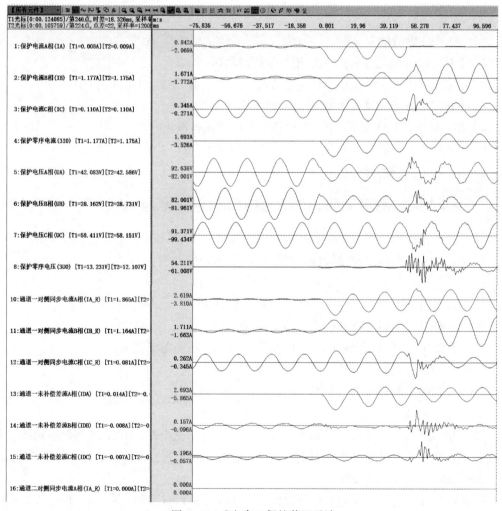

图 5-13 Ⅰ电高 2 保护装置录波

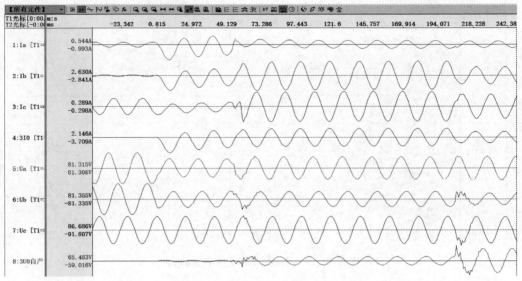

图 5-14　Ⅱ电高 2 保护装置录波

（5）事故分析结论。

1）Ⅰ电高线 A 相与Ⅱ电高线 B 相发生跨线故障。

2）高科变电站母线保护订阅Ⅰ电高 2 隔离开关位置均拉为Ⅰ母隔离开关位置。

3）Ⅰ电高 1 智能终端 A 相跳闸出口硬压板退出。

4）Ⅱ电高 2 智能终端 A、B、C 相跳闸出口硬压板退出。

5）Ⅰ电高 1 保护启失灵 GOOSE 发送软压板退出。

5.1.4　母联死区故障分析

案例：500kV 电科变电站母联死区故障跳闸分析。

（1）事件过程。2020 年 08 月 06 日，17 时 21 分 37 秒 061 毫秒保护启动。

44ms，500kV 电科变电站智能 3 线断路器三相分位。

45ms，500kV 电科变电站Ⅰ电高 1 断路器三相分位。

47ms，500kV 电科变电站电 220 断路器三相分位。

50ms，500kV 电科变电站智能 1 线断路器三相分位。

63ms，220kV 高科变电站高 221 断路器、高 111 断路器三相分位。

69ms，220kV 高科变电站高 351 断路器三相分位。

74ms，220kV 高科变电站Ⅰ电高 2 断路器三相分位。

5060ms，500kV 电科变电站电 221 断路器三相分位。

（2）事件前后运行方式及断路器状态。500kV 电科变电站 220kV 为双母线接线，Ⅰ电高 1、智能 1 线、智能 3 线在Ⅰ母运行；Ⅱ电高 1、电 221 在Ⅱ母运行、母联合位运行，主变压器中性点直接接地。

220kV 高科变电站母线为双母线接线，Ⅰ电高 2 在Ⅰ母运行；高 211、Ⅱ电高 2 在Ⅱ

母，母联合位运行，主变压器中性点直接接地。事故前和事故后变电站运行方式及断路器状态如图 5-15、图 5-16 所示。

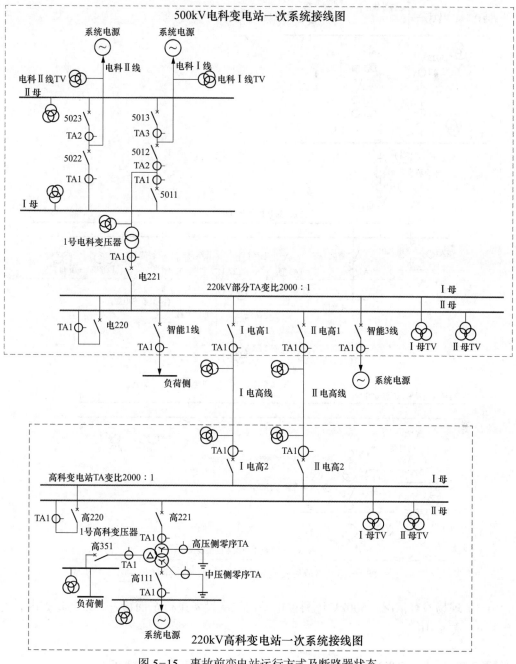

图 5-15 事故前变电站运行方式及断路器状态

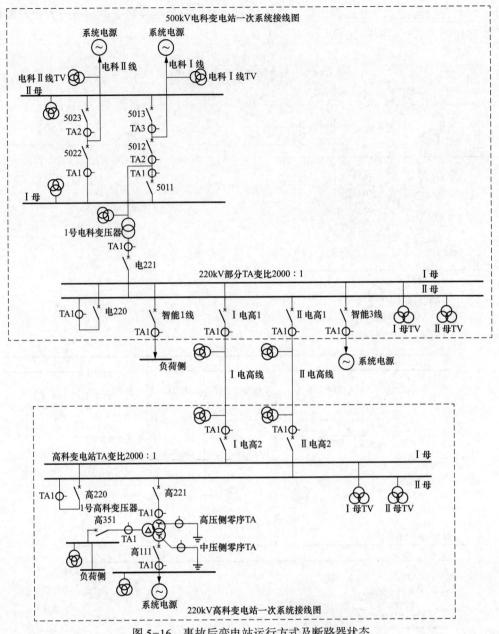

图 5-16　事故后变电站运行方式及断路器状态

（3）现场检查情况。500kV 电科变电站内二次设备进行全面检查，现场检查内容见表 5-9、表 5-10。

表 5-9　　　　　　500kV 电科变电站 220kV 母线保护：WMH-801A-DA-G

时间	事件
2020 年 8 月 6 日　17 时 21 分 37 秒 065 毫秒	—
0ms	保护启动

时间	事件
3ms	故障相别 AB 相 Ⅰ母差保护动作
164ms	大差后备动作

表 5-10　　　　500kV 电科变电站电 1 号主变压器保护：PST1200U

时间	事件
2020 年 8 月 6 日　17 时 21 分 37 秒 061 毫秒	—
0ms	主保护启动
4013ms	故障相别 AB 相 中压侧相间阻抗 1 时限动作
4513ms	故障相别 AB 相 中压侧相间阻抗 2 时限动作
5013ms	故障相别 AB 相 中压侧相间阻抗 3 时限动作

220kV 高科变电站内二次设备进行全面检查，现场检查内容见表 5-11、表 5-12。

表 5-11　　　220kV 高科变电站高 1 号主变压器保护：PCS-978T2-DA-G

时间	事件
2020 年 8 月 6 日　17 时 21 分 37 秒 068 毫秒	—
0ms	保护启动
21ms	故障相别 AC 相 纵差保护动作

表 5-12　　　220kV 高科变电站高Ⅰ电高 2 线路保护：PCS-931A-DA-G-R

时间	事件
2020 年 8 月 6 日　17 时 21 分 37 秒 066 毫秒	—
0ms	保护启动
34ms	远方其他保护动作

（4）事故分析。

1）事故时序分析。故障发生时刻 2020 年 08 月 06 日 17 时 21 分 37 秒 061 毫秒，综合两个变电站保护动作情况，根据时间轴法，按顺序进行排列分析如图 5-17 所示。

问题 1：500kV 电科变电站 220kV 母线死区保护为什么不动作？

问题 2：500kV 电科变电站 220 母联失灵保护为什么不动作？

问题 3：220kV 高科变电站主变压器保护为什么会动作？

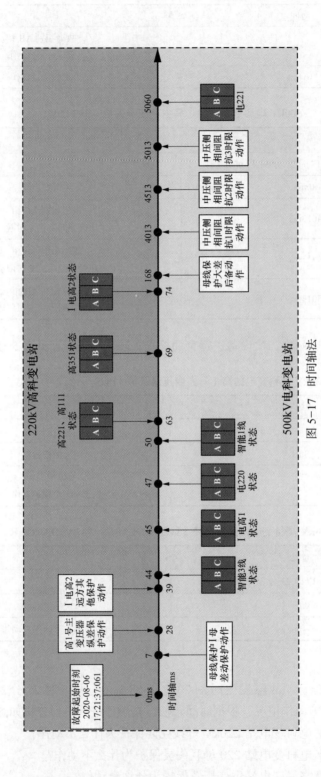

图 5-17　时间轴法

2）事故逻辑分析。根据时间轴时序，分析两个变电站保护整个事故动作过程。

如图 5-18～图 5-22 所示，故障开始时电科变电站母线电压 A、B 相电压大小相等、方向相同、无零序电压、有负序电压，大差和 I 母小差 A、B 相电流大小近似相等、方向相反。II 母无差流，可判断出在 I 母差保护保护范围内发生 AB 相间短路故障，由于电科变电站 I 母跳开后，电 1 号主变压器后备保护又动作，推测故障点在电科变电站母联死区，后经现场检查验证。

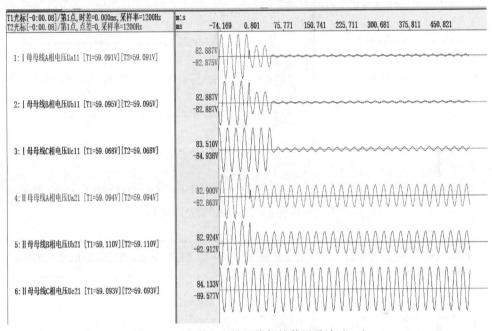

图 5-18　电科变电站母线保护装置录波（一）

7ms I 母差保护动作，跳电 220、智能 1 线、智能 3 线、I 电高 1，由于电科变电站母线保护漏订母联位置，死区保护不动作，II 母差保护不动作，而母联分段失灵保护时间定值错整定为 10s，所以母联失灵保护不动作；44ms，智能 3 线三相跳开；45ms，I 电高 1 三相跳开；47ms，电 220 三相跳开；50ms，智能 1 线三相跳开，I 母所有支路全部跳开，但是故障仍未切除。

由于高科变电站高 1 号主变压器中压侧 A 相断线，28ms，高 1 号主变压器纵联差动保护动作，跳高 221、高 111、高 351；63ms，高 221、高 111 跳开；69ms，高 351 跳开；39ms，I 电高 2 线路保护远方其他保护动作；74ms，I 电高 2 三相跳开。

此时故障仍未切除，168ms，电科变电站母线保护大差后备动作，4013ms，电科变电站电 1 号主变压器中压侧相间阻抗 1 时限动作；4513ms，电科变电站电 1 号主变压器中压侧相间阻抗 2 时限动作；5013ms，电科变电站电 1 号主变压器中压侧相间阻抗 3 时限动作；5060ms，电 221 跳开，故障切除。

（5）事故分析结论。

1）电科变电站电 220 断路器与 TA 之间发生 AB 相间短路故障。

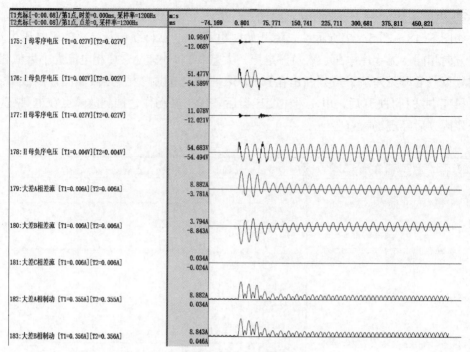

图 5-19　电科变电站母线保护装置录波（二）

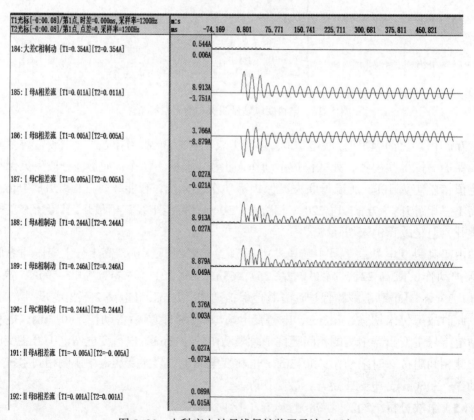

图 5-20　电科变电站母线保护装置录波（三）

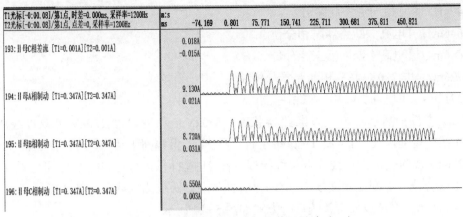

图 5-21　电科变电站母线保护装置录波（四）

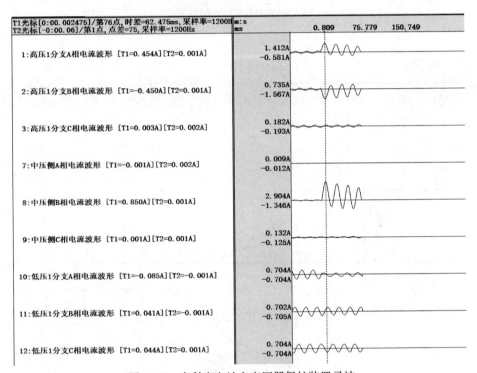

图 5-22　高科变电站主变压器保护装置录波

2）高科变电站母线保护漏订电 220 断路器位置。

3）高 1 号主变压器中压侧 A 相 TA 断线。

4）电科变电站母线保护母联失灵保护和分段失灵保护时间错整定为 10s。

5.1.5　主变压器充电时母联死区故障分析

案例：220kV 高科变电站 1 号主变压器充电时，高 220 母联死区故障。

（1）事件过程。2020 年 08 月 06 日，18 时 44 分 25 秒 020 毫秒，保护启动。

49ms，高 220 母联三相跳开。

646ms，Ⅰ电高 2 断路器三相分位。

646ms，Ⅰ电高 1 断路器三相分位。

726ms，电 220 母联三相断路器分位。

2712ms，Ⅱ电高 2 断路器三相分位。

（2）事件前后运行方式及断路器状态。500kV 电科变电站 220kV 为双母线接线，智能 1 线、智能 3 线、Ⅰ电高 1 在Ⅰ母运行；电 221、Ⅱ电高 1 在Ⅱ母运行，母联合位。

220kV 高科变电站母线为双母线接线，高 211 在Ⅰ母运行；Ⅰ电高 2、Ⅱ电高 2 在Ⅱ母，母联合位，主变压器接线方式 YNYnd11，中、低压侧空载。系统正常运行方式如图 5-23 所示。系统故障后系统运行方式如图 5-24 所示。

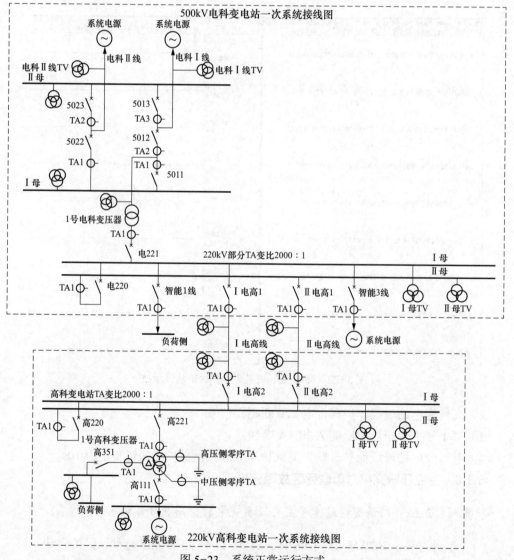

图 5-23 系统正常运行方式

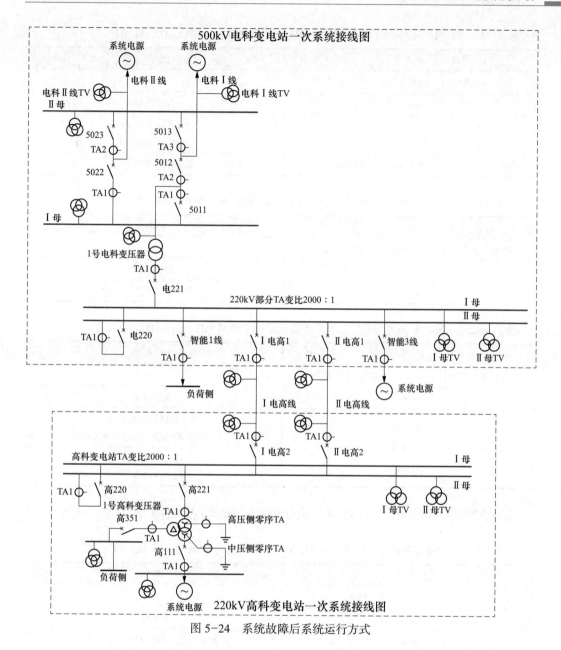

图 5-24　系统故障后系统运行方式

（3）现场检查情况。500kV 电科变电站内二次设备进行全面检查，现场检查内容见表 5-13～表 5-16。

表 5-13　　　500kV 电科变电站 I 电高线保护：南瑞继保 PCS-931A-DA-G-R

时间	事件
2020 年 8 月 6 日　18 时 44 分 25 秒 020 毫秒	—
0ms	保护启动
607ms	ABC 纵联差动保护动作

表 5-14　　500kV 电科变电站Ⅱ电高线保护：北京四方 CSC-103A-DA-G-RP

时间	事件
2020 年 8 月 6 日　18 时 44 分 25 秒 019 毫秒	—
4ms	保护启动
2136ms	接地距离Ⅱ段动作 A 相跳 ABC 相
2020 年 8 月 6 日　18 时 44 分 27 秒 694 毫秒	其他保护动作开入

表 5-15　　500kV 电科变电站电 220 母联保护：许继 WDLK861

时间	事件
2020 年 8 月 6 日　18 时 44 分 25 秒 617 毫秒	—
2ms	保护启动
90ms	充电过电流保护Ⅰ段动作

表 5-16　　500kV 电科变电站 220kV 母线保护：许继 WMH-801A-DA-G

时间	事件
2020 年 8 月 6 日　18 时 44 分 25 秒 017 毫秒	—
0ms	保护启动
2392ms	Ⅱ电高线断路器失灵 失灵保护跳母联，母联跳闸出口
2642ms	Ⅱ母失灵保护动作 Ⅱ电高线跳闸出口

220kV 高科变电站内二次设备进行全面检查，现场检查内容见表 5-17～表 5-20。

表 5-17　　220kV 高科变电站高 220 母联保护：国电南瑞 NSR-322C-DA-G

时间	事件
2020 年 8 月 6 日　18 时 44 分 25 秒 023 毫秒	—
0ms	保护启动
6ms	充电过电流保护Ⅰ段动作 ABC
615ms	充电过电流保护Ⅰ段动作 ABC
690ms	充电零序过电流保护动作 ABC

表 5-18　　220kV 高科变电站Ⅰ电高线路保护：南瑞继保 PCS931A-DA-G-R

时间	事件
2020 年 8 月 6 日　18 时 44 分 25 秒 020 毫秒	—
0ms	保护启动
606ms	ABC 纵联差动保护动作

表 5-19　　　　220kV 高科变电站 Ⅱ电高线路保护：北京四方 CSC-103A-DA-G

时间	事件
2020 年 8 月 6 日　18 时 44 分 25 秒 015 毫秒	—
0ms	保护启动
2679ms	远方其他保护动作 跳 ABC

表 5-20　　　　　　　220kV 母线保护：南瑞继保 PCS-915A-DA-G

时间	事件
2020 年 8 月 6 日　18 时 44 分 27 秒 698 毫秒	—
0ms	保护启动
1ms	失灵保护启动

（4）事故分析。

1）事故时序分析。故障发生时刻 2020 年 8 月 6 日 18 时 44 分 25 秒 020 毫秒。综合两个变电站保护动作情况，根据时间轴法，按顺序进行排列分析，如图 5-25 所示。

问题 1：220kV 高 220 母联保护跳闸原因。

问题 2：Ⅰ电高线两端保护跳闸原因。

问题 3：500kV 电科变电站 220kV 电 220 母联为什么跳闸。

问题 4：500kV 电科变电站 220kV 母线动作原因。

2）事故逻辑分析。根据时间轴时序，分析两个变电站保护整个事故动作过程。

事故发生时，220kV 高科变电站正在对高 1 号主变压器进行充电操作。从录波图上可明显看出，当合上高 221 断路器后，高 1 号主变压器产生较大的励磁涌流，电流有效值达到高 220 母联保护充电保护定值且满足时限，高 220 母联保护动作跳闸，录波如图 5-26、图 5-27 所示。

600ms 系统再次发生故障，此时高科变电站仅Ⅱ母运行。从录波图上看：

1）高科变电站。Ⅱ母 A 相电压降为 0，B、C 相电压与正常运行相比基本保持不变。高科变电站Ⅰ电高 2 间隔、Ⅱ电高 2 间隔、高 220 母联间隔 A 相电流增大且Ⅰ电高 2 和Ⅱ电高 2 两间隔 A 相电流幅值相等、相位相同，二者矢量和基本等于高 220 母联电流，各间隔 B、C 相电流为 0。而此时高 220 断路器已经跳开，高 220 间隔 TA 依然有 A 相电流流过且母联 TA 极性朝向Ⅰ母，因此怀疑高 220 母联死区发生 A 相金属性接地故障。故障点在母线保护范围内，经计算，母线差流满足动作条件，母线保护却不动作，怀疑母线保护差动功能未投入，如图 5-28 所示。

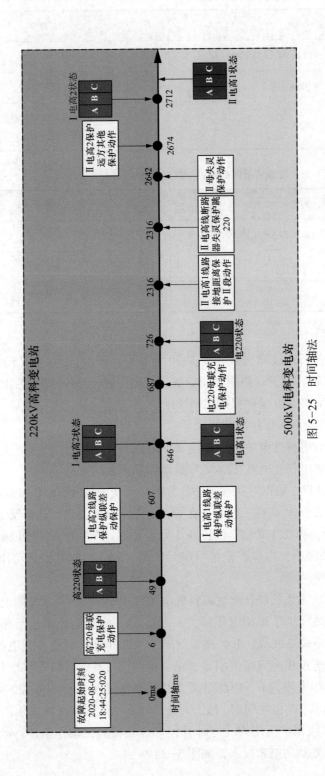

图 5-25 时间轴法

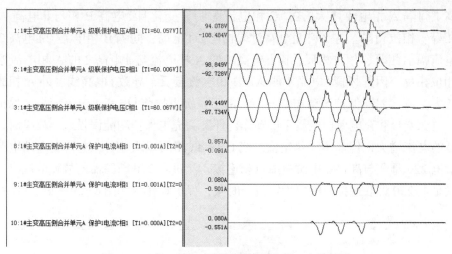

图 5-26　高 1 号主变压器高压侧电压、电流录波

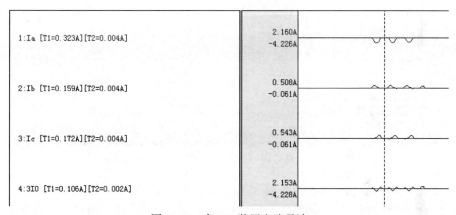

图 5-27　高 220 装置电流录波

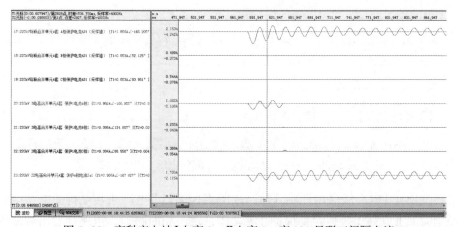

图 5-28　高科变电站Ⅰ电高 2、Ⅱ电高 2、高 220 母联三间隔电流

2）电科变电站。故障发生时，电科变电站 220 母线 A 相电压有所下降，B、C 相电压与正常运行时基本一致。Ⅰ电高 1 间隔 B 相电流增大，A、C 相电流无明显变化，

Ⅱ电高 1 间隔 A 相电流增大，B、C 相电流无明显变化且Ⅰ电高 B 相与Ⅱ电高 A 电流幅值相等、相位相同。与高科变电站对端相比，Ⅰ电高 1 间隔 B 相电流与Ⅰ电高 2 间隔 A 相电流幅值相等、相位相反；而Ⅱ电高 1 的 A 相电流与Ⅱ电高 2 的 A 相电流幅值相等、相位相反。因此怀疑Ⅰ电高 1 侧 A、B 相电流接反，导致Ⅰ电高线区外 A 相故障时产生较大差流，差动保护误动作跳三相。由于系统事故前Ⅰ电高 1 电流较小，保护未报异常。电 220 母联充电保护应属于误动作，怀疑为充电保护功能误投入。故障时，流过电 220 的电流增大，但尚不满足定值。当Ⅰ电高线路两端跳开后，电科变电站电源点全部通过电 220 母联与高科变电站故障点相连接，流过电 220 断路器的故障电流进一步增大，满足电 220 母联保护充电保护定值与时限，保护动作，如图 5-29～图 5-31 所示。

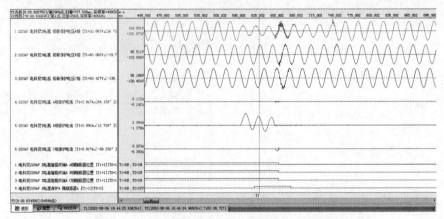

图 5-29　电科变电站Ⅰ电高 1 间隔电压、电流录波

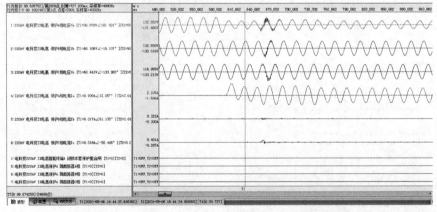

图 5-30　电科变电站Ⅱ电高 1 间隔电压、电流录波

　　电科变电站Ⅰ电高线路两侧跳开后，故障点仍通过Ⅱ电高线与电科变电站电源点相连，经延时，Ⅱ电高 1 接地距离保护Ⅱ段动作，跳三相断路器，但跳令发出后故障电流依然存在，断路器未跳开启动失灵保护。电科变电站 220kV 母线保护接收Ⅱ电高 1 启失灵保护开入，1 时限跳电 220 母联，电 220 母联已经跳开，2 时限切除与Ⅱ电高 1 相连的母线，并给Ⅱ电高 1 发其他保护动作，Ⅱ电高 1 收到后通过纵联通道传给对侧，Ⅱ电

高 2 远方其他保护动作三跳，至此故障隔离，如图 5-32 所示。

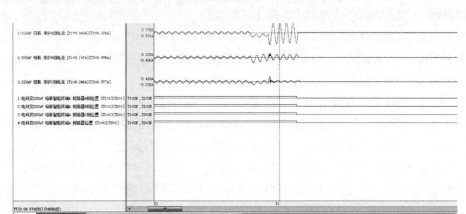

图 5-31 电科变电站电 220 间隔电流录波

（5）事故结论。

1）高 1 号充电励磁涌流，高 220 断路器与 TA 之间 A 相永久金属性接地短路。

2）高科变电站 220kV 母线差动保护功能未投。

3）电科变电站 I 电高 1 电流 A、B 相接反，II 电高 1 三相跳闸出口未投。

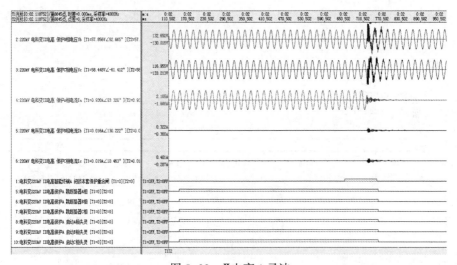

图 5-32 II 电高 1 录波

5.1.6 线路死区故障分析

案例：500kV 电科变电站 220kV II 电高 1 死区范围发生瞬时性接地故障跳闸分析。

（1）事件过程。2020 年 08 月 07 日，10 时 47 分 29 秒 215 为 0 毫秒保护启动。

43ms，500kV 电科变电站 220kV 部分 II 电高 1 三相分位。

45ms，500kV 电科变电站 220kV 部分电 220 三相分位。

54ms，500kV 电科变电站 220kV 部分电 221 三相分位。

56ms，220kV 高科变电站Ⅰ电高 2A 相分位，B、C 相合位。

1139ms，220kV 高科变电站Ⅰ电高 2 三相合位。

1257ms，220kV 高科变电站Ⅰ电高 2 三相分位。

3350ms，220kV 高科变电站主变压器高压侧三相分位。

3353ms，220kV 高科变电站主变压器中压侧三相分位。

3359ms，220kV 高科变电站主变压器低压侧三相分位。

（2）事件前后运行方式及断路器状态。500kV 电科变电站 220kV 为双母线接线，智能 1 线、Ⅱ电高 1、电 221 在Ⅰ母运行；Ⅰ电高 1、智能 3 线在Ⅱ母运行、母联合位运行。

220kV 高科变电站母线为双母线接线，高 211、Ⅱ电高 2 在Ⅰ母运行；Ⅰ电高 2 在Ⅱ母，母联合位运行。事故前和事故后变电站运行方式及断路器状态如图 5-33、图 5-34 所示。

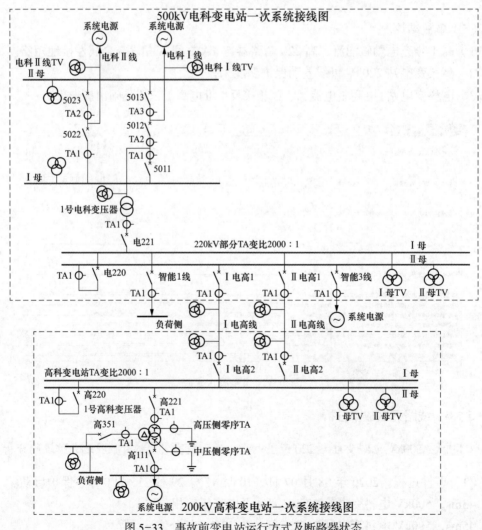

图 5-33　事故前变电站运行方式及断路器状态

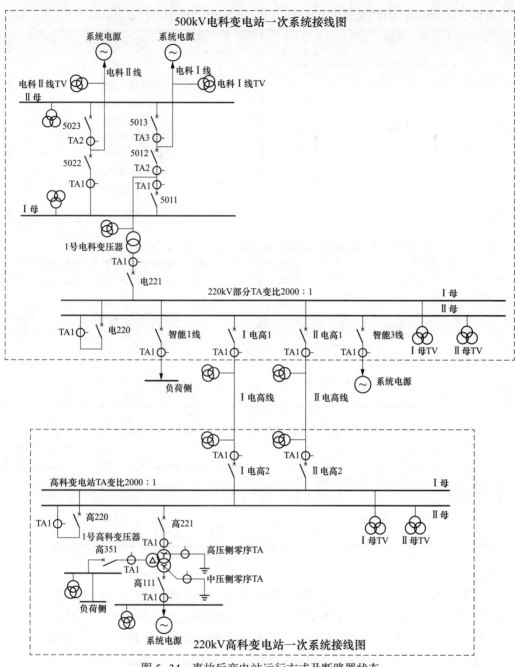

图 5-34 事故后变电站运行方式及断路器状态

（3）现场检查情况。500kV 电科变电站内二次设备进行全面检查，现场检查内容见表 5-21。

220kV 高科变电站内二次设备进行全面检查，现场检查内容见表 5-22、表 5-23。

表 5-21　　　500kV 电科变电站 220kV 母差保护：许继电气 WMH-801A-DA-G

时间	事件
2020 年 8 月 7 日　10 时 47 分 29 秒 215 毫秒	保护启动
3ms	Ⅰ母差保护动作 Ⅰ母差保护跳母联 母联跳闸出口 主变压器 1 跳闸出口 智能 1 线跳闸出口 Ⅱ电高线跳闸出口
18ms	Ⅰ母差保护故障信息 A 相

表 5-22　　　220kV 高科变电站Ⅰ电高 2 线路保护：PCS-931A-DA-G-R

时间	事件
2020 年 8 月 7 日　10 时 47 分 29 秒 218 毫秒	保护启动
14ms	接地距离Ⅰ段保护动作 A 相
1070ms	重合闸动作
1213ms	零序保护加速动作 ABC

表 5-23　　　220kV 高科变电站主变压器报告：南瑞 PCS-978T2-DA-G

时间	事件
2020 年 8 月 7 日　10 时 47 分 29 秒 225 毫秒	保护启动
3307ms	中零流Ⅲ段 1 时限 中零流Ⅲ段 2 时限 跳高压侧、跳中压侧、跳低压 1 分支

（4）事故分析。

1）事故时序分析。故障发生时刻 2020 年 08 月 07 日 10 时 47 分 29 秒 215 毫秒，综合两个变电站保护动作情况，根据时间轴法按顺序进行排列分析如图 5-35 所示。

问题 1：500kV 电科变电站 220kV 母差保护为什么动作，故障点在什么位置？

问题 2：为什么 220kV 高科变电站Ⅰ电高 2 线路接地距离Ⅰ段会动作？

问题 3：220kV 高科变电站主变压器保护为什么高后备没有动作？

问题 4：220kV 高科变电站Ⅱ电高 2 断路器为什么没有跳开？

问题 5：500kV 电科变电站Ⅱ电高 1 线路保护未动作，行为是否正确？

2）事故逻辑分析。根据时间轴时序分析两个变电站保护整个事故动作过程。

①500kV 电科变电站 220kV 母线间隔：故障前，500kV 电科变电站 220kV 侧Ⅰ、Ⅱ母电压幅值正常，相位正序，母线大差、Ⅰ母小差、Ⅱ母小差均无差流。

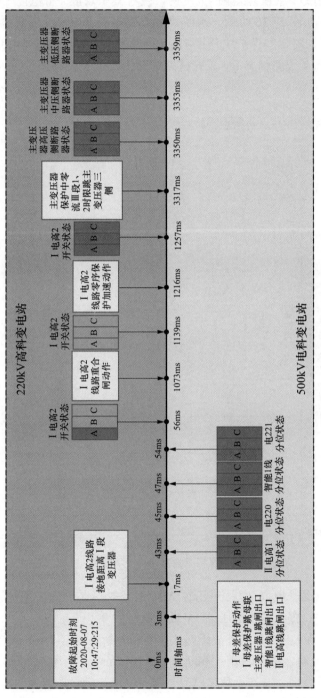

图 5-35 时间轴动作时序图

故障后，Ⅰ、Ⅱ母A相电压为0，B、C相电压与故障前一致；3ms，Ⅰ母差保护动作，跳开Ⅰ母所有支路（主变压器221间隔、智能1线间隔、Ⅱ电高线路间隔、电220母联间隔），初步判断故障点在Ⅰ母保护范围内，查看集中录波，Ⅱ电高1断路器跳开后，TA仍然有电流，如图5-36所示，判断故障点发生在Ⅱ电高1断路器与TA之间AN金属性接地故障；同时母差保护跳开Ⅱ电高1断路器后，应该远跳Ⅱ电高2断路器，经现场检查发现Ⅱ电高2线路保护SV采样链路中断，闭锁了差动保护，因此Ⅱ电高2断路器未跳开。

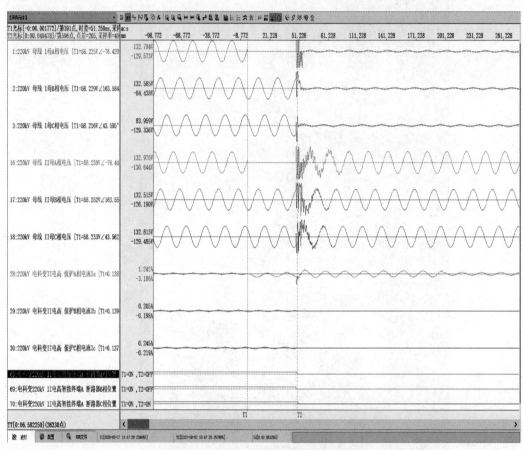

图5-36　500kV电科变电站集中录波图

②220kV高科变电站Ⅰ电高2线路间隔：故障前，线路保护A相电压为0，BC电压幅值正常，相位正序，存在零序电压且TV断线状态为0。

如图5-37所示，当Ⅰ电高2区外故障时（Ⅱ电高1断路器与TA之间故障），造成Ⅰ电高2距离Ⅰ段保护误动，瞬时跳开A相断路器；1017ms，Ⅰ电高2断路器A相重合，Ⅰ电高2断路器A相重合后，又产生故障电流与零序电流，满足厂家说明书单相重合时零序加速时间60ms，满足零序过电流加速段定值0.15A，Ⅰ电高2断路器A相重合后约76ms零序加速动作。

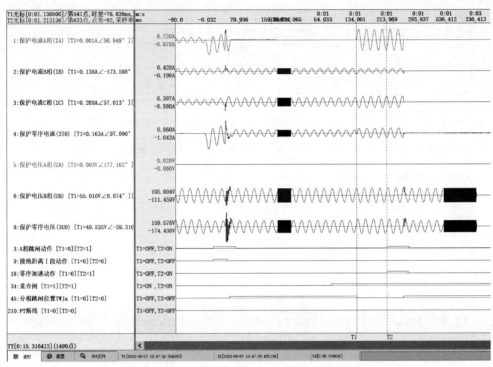

图 5-37 220kV 高科变电站 I 电高 2 线路保护装置录波

③ 500kV 电科变电站 II 电高 1 线路间隔：如图 5-38 所示，电科变电站集中录波发现，在 I 电高 2 断路器 A 相跳开，未重合之前，根据时间轴时序分析，并没有其他断路器动作，但是 II 电高 1A 相 TA 电流直接衰减了一半，II 电高 2 电流未发生变化，并且 II 电高 1 与 II 电高 2 电流反向，证明为穿越性电流，由上推断 II 电高线路上又发生了 A 相金属性接地故障，造成了流过 II 电高 1TA 电流分流；由于 II 电高 2 线路保护 SV 采样链路中断，II 电高 2 差动保护与距离保护均闭锁，II 电高 1 线路差动保护闭锁，同时由于 II 电高 1 感受到电流在距离保护的反方向，因此 II 电高 1 在两次故障时，保护都没有动作。

④ 220kV 高科变电站主变压器保护间隔

查看主变压器保护高后备定值，复压过电流 I 段带方向指向变压器，同时复压过电流 II 段不带方向，故障时间未达到定值。如图 5-39 所示，主变压器保护装置录波满足了中压侧零序电流 III 段 1 时限与 2 时限定值，中零流 III 段动作，跳开主变压器三侧断路器，隔离故障点。

（5）事故分析结论。

1）故障点 1 位于 500kV 电科变电站 II 电高 1 断路器与 TA 之间永久性 A 相金属性接地故障。

2）故障点 2 在故障 1 发生 200ms 后，在 500kV 电科变电站 II 电高 1TA 外侧，线路出口处发生永久性 A 相金属性接地故障。

3）220kV 高科变电站 II 电高 2 线路 SV 断链。

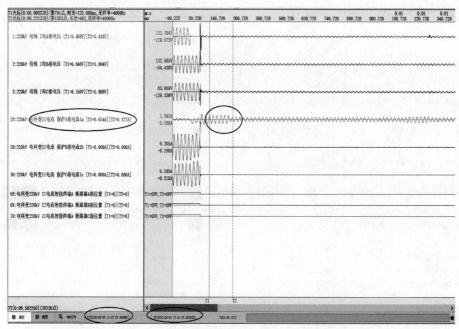

图 5-38　电科变电站Ⅱ电高 1 集中录波

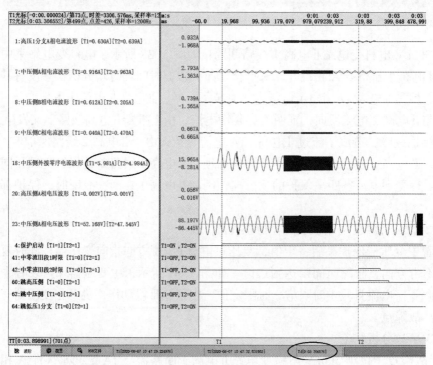

图 5-39　220kV 高科变电站主变压器保护装置录波

5.1.7　线路间转换性接地故障分析

案例：Ⅱ电高线路区内瞬时性故障转Ⅰ电高 2 线路死区永久性故障跳闸分析。

（1）事件过程。2020年08月07日，14时53分25秒720毫秒保护启动。

0ms，220kV高科变电站I电高2断路器分位（运行方式固定）。

0ms至最后故障消失，220kV高科变电站II电高2断路器分位。

66ms，220kV高科变电站II电高1 B相分位，AB相合位。

1162ms，500kV电科变电站II电高1 ABC合位。

1211ms，220kV高科变电站 母联220三相分位。

2064ms，500kV电科变电站I电高1断路器三相分位。

（2）事件前后运行方式及断路器状态。500kV电科变电站220kV为双母线接线，电221、I电高1在I母运行；智能1线、智能3线、II电高1在II母运行、母联合位运行。

220kV高科变电站母线为双母线接线，II电高2在I母运行；高221、I电高2在II母运行，母联合位，I电高2处于分位运行。事故前变电站运行方式及断路器状态如图5-40、图5-41所示。

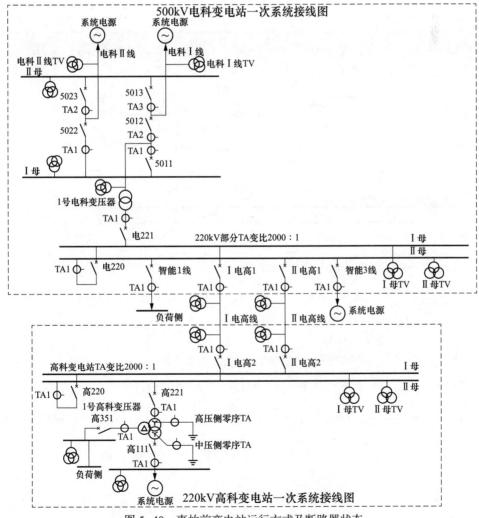

图5-40　事故前变电站运行方式及断路器状态

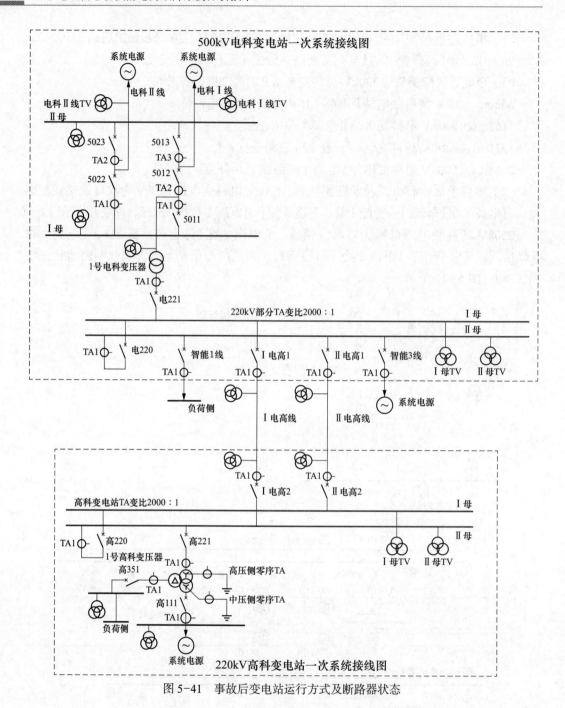

图 5-41 事故后变电站运行方式及断路器状态

（3）现场检查情况。500kV 电科变电站内二次设备进行全面检查，现场检查内容见表 5-24、表 5-25。

表 5-24　　　500kV 电科变电站‖电高 1 线路保护：CSC-103A-DA-G-RP

时间	事件
2020 年 8 月 7 日　14 时 53 分 25 秒 724 毫秒	—
4ms	保护启动
14ms	纵联差动保护动作 跳 B 相
83ms	单跳启动重合
1084ms	重合闸动作

表 5-25　　　500kV 电科变电站‖电高 1 线路保护：PCS-931A-DA-G-R

时间	事件
2020 年 8 月 7 日　14 时 53 分 25 秒 801 毫秒	保护启动
1941ms	接地距离Ⅱ段保护动作 跳 ABC 相，故保护相别 C 相

220kV 高科变电站内二次设备进行全面检查，现场检查内容见表 5-26～表 5-29。

表 5-26　　　220kV 高科变电站‖电高 2 线路保护：CSC-103A-DA-G

时间	事件
2020 年 8 月 7 日　14 时 53 分 25 秒 720 毫秒	保护启动
15ms	纵联差动保护动作 跳 B 相
19ms	接地距离Ⅰ段保护动作
79ms	单跳启动重合
1080ms	重合闸动作

表 5-27　　　220kV 高科变电站‖电高 2 线路保护：PCS-931A-DA-G-R

时间	事件
2020 年 8 月 7 日　14 时 53 分 26 秒 225 毫秒	保护启动
103ms	零序保护加速动作跳 ABC
200ms	单相运行三跳 故障相别 C 相

表 5-28　　　　　220kV 高科变电站母线保护：PCS-915A-DA-G

时间	事件
2020 年 8 月 7 日　14 时 53 分 25 秒 724 毫秒	保护启动
17ms	失灵保护启动
1162ms	差动保护跳母联
1172ms	稳态量差动跳 II 母 II 母差保护动作

表 5-29　　　　　220kV 高科变电站主变压器保护：PCS-978T2-DA-G

时间	事件
2020 年 8 月 7 日　14 时 53 分 26 秒 901 毫秒	高压侧失灵保护联跳启动 保护板高压 1 侧失灵保护联跳开入

（4）事故分析。

1）事故时序分析。故障发生时刻 2020 年 08 月 07 日 14 时 53 分 25 秒 720 毫秒，综合两个变电站保护动作情况，根据时间轴法按顺序进行排列分析，如图 5-42 所示。

问题 1：220kV 高科变电站 II 电高 2 为什么录波一直处于分位？

问题 2：220kV 高科变电站母差保护为什么到 1162ms 才动作？

问题 3：I 电高 1 断路器对侧远跳为什么没有跳开？

问题 4：高科变电站主变压器保护收到失灵联跳开入，为什么没有动作？

2）事故逻辑分析。根据时间轴时序，分析两个变电站保护整个事故动作过程。

① 220kV 高科变电站 II 电高 2 间隔：故障前，220kV 高科变电站、II 母电压幅值正常，相位正序，无零序电压、无零序电流。

故障后，如图 5-43 所示，B 相电压变位 4V 左右，AC 电压正常相位正确，产生零序电压、零序电流，B 相电流突然变大。结合 II 电高 2 线路保护动作报文，线路差动跳 B 相，接地距离保护 I 段动作跳 B 相，初步判断在 II 电高 2 线路侧发生了 B 相接地故障。从装置录波分析三相断路器的位置一直处于合位，但是距 B 相跳闸 43ms，ABC 电流消失；如图 5-44 所示，结合 II 电高 1 装置录波，对侧断路器仅 B 相分位，三相电流消失时刻与 II 电高 2 故障电流消失绝对时刻相对应，说明本侧断路器也应跳开，处于分位。经检测 SCD 文件，现场 II 电高 2 线路保护断路器 TWJ 错接隔离开关位置。

同时查看 220kV 高科变电站全站集中录波，如图 5-45 所示，II 电高 2 线路保护跳 B 相，却出现 II 电高 2 断路器三相分位。经检查 SCD 文件，II 电高 2 线路智能终端跳 ABC 均接到线路保护 B 相跳闸虚端子；同时断路器重合后故障电流消失，仅有负荷电流。

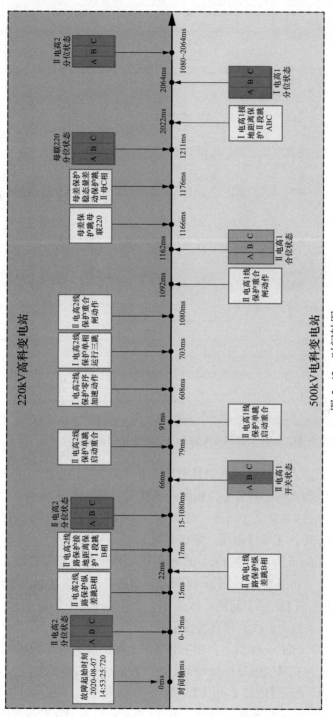

图 5-42 时间轴图

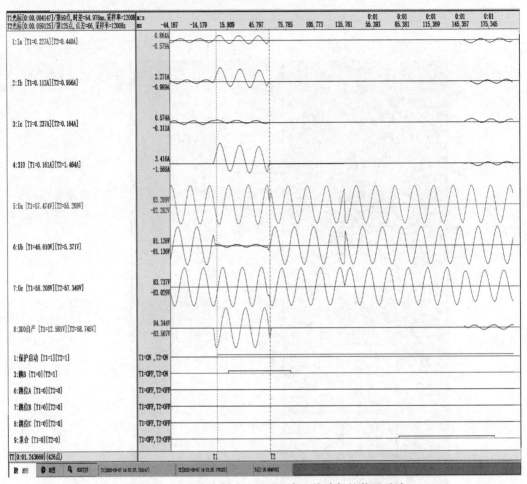

图 5-43　220kV 高科变电站Ⅱ电高 2 线路保护装置录波

经上分析Ⅱ电高线路上出现 B 相瞬时性故障，Ⅱ电高 2 线路保护发生单相跳闸，重合闸成功，而实际Ⅱ电高 2 断路器发生三相跳闸三相重合闸动作行为。

② 500kV 电科变电站Ⅱ电高 1 间隔：故障前，500kV 电科变电站 220kV 侧、Ⅱ母电压幅值正常、相位正序，无零序电压、零序电流。

故障后，B 相电压降低为 34V 左右，AC 相电压幅值正常，相位正序，出现零序电压，B 相电流突然增大，如图 5-46、图 5-47 所示，线路保护单跳 B 相，重合 B 相成功。

③ 500kV 电科变电站Ⅰ电高 1 间隔。故障前，Ⅰ电高线电压幅值正常，相位正序，由于Ⅰ电高 2 断路器处于分位，线路仅有容性电流。

故障后，如图 5-48、图 5-49 所示，距离Ⅱ电高 2 保护启动约 490ms，Ⅰ电高 1 间隔 C 相电流突然增大，同时高科变电站母线间隔出现大差与小差的 C 相差流。同时观察到Ⅰ电高 2 断路器处于分位，但是Ⅰ电高 2 间隔 TA 同时在此刻 C 相出现电流，初步判断在Ⅰ电高 2 断路器与 TA 之间发生了 C 相接地故障。不在Ⅰ电高线路差动保护范围内，因此在满足Ⅰ电高 1 距离Ⅱ段定值后，距离保护动作，跳开Ⅰ电高 1 三相断路器，故障消失。

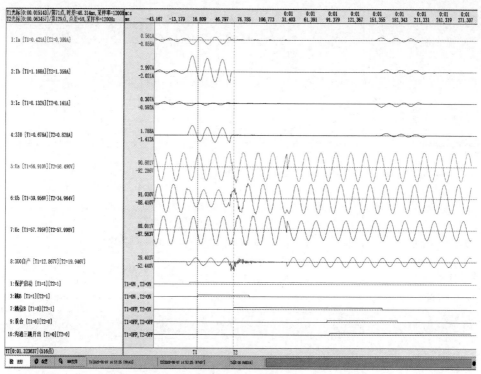

图 5-44　500kV 电科变电站Ⅱ电高 1 线路保护装置录波

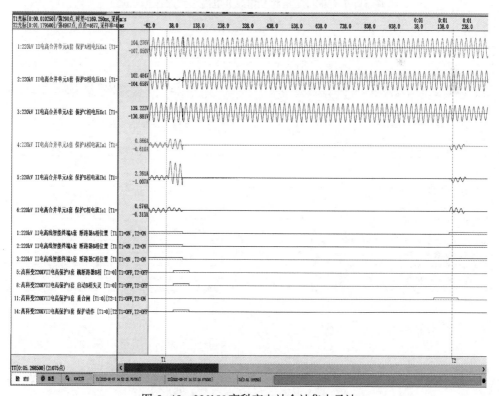

图 5-45　220kV 高科变电站全站集中录波

135

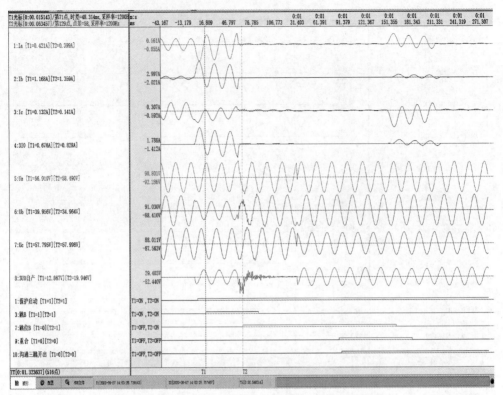

图 5-46　5000kV 电科变电站Ⅱ电高 1 线路保护录波

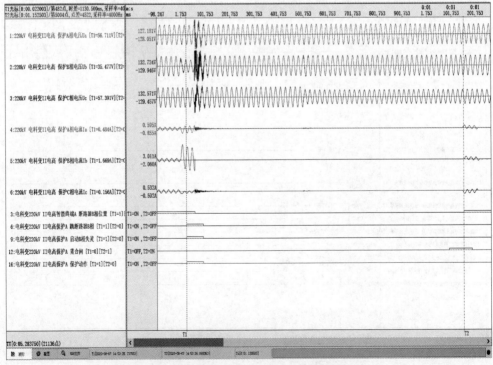

图 5-47　500kV 电科变电站Ⅱ电高 1 集中录波

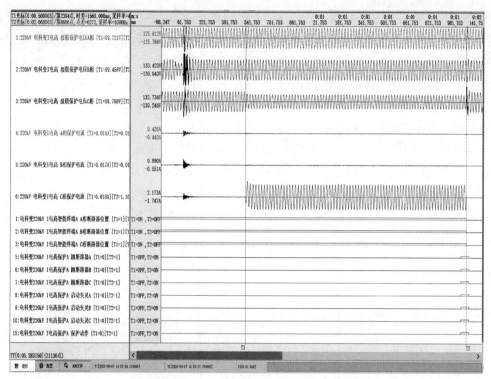

图 5-48 500kV 电科变电站 I 电高 1 集中录波

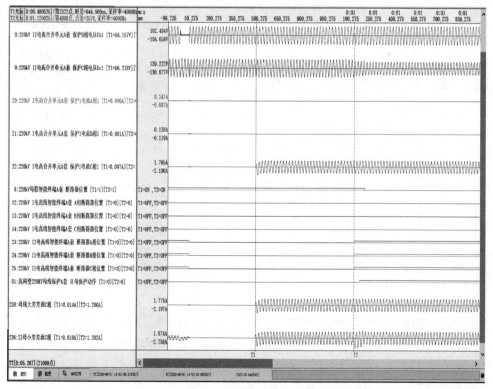

图 5-49 220kV 高科变电站母线间隔集中录波

220kV 高科变电站 I 电高 2 在 1186ms 收到母差其他保护动作，同时应远跳对端500kV 电科变电站 I 电高 1 断路器；实际 I 电高 1 断路器是在 2063ms 被 I 电高 1 线路保护距离保护 II 段跳开。即 220kV 高科变电站母差保护动作后，并未远跳 I 电高 1 断路器。经现场检查，I 电高 1 与 I 电高 2 差动保护未投。

④ 220kV 高科变电站 I 电高 2 间隔：故障前，I 电高 2 线电压幅值正常，相位正序，断路器处于分位，线路无电流。

故障后，如图 5-50 所示，距离 II 电高 2 保护启动约 490ms，保护 C 相出现约 1.2A 电流，满足零序加速定值后，三重时加速时间延时 100ms，零序加速动作。

⑤ 220kV 高科变电站母线间隔：故障前，0～490ms 母差保护无大差、无小差，因为 II 电高线路发生 B 相瞬时性故障，母线间隔 I 母与 II 母 B 相电压存在瞬时性跌落过程，与之前故障特征相符。

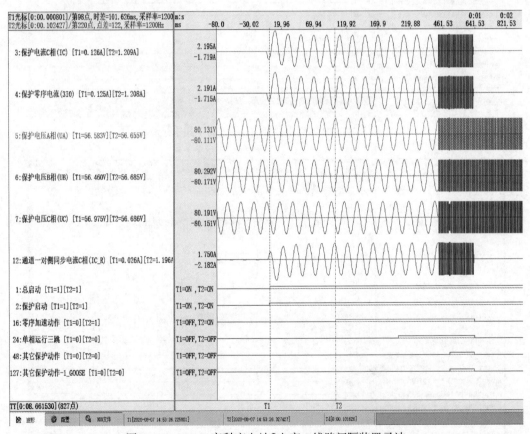

图 5-50　220kV 高科变电站 I 电高 2 线路间隔装置录波

故障后，如图 5-51 所示，490ms 后即 II 电高 2 断路器三相跳闸后，断路器未重合前，发生 I 电高 2 断路器与 TA 之间 C 相接地故障后，I 电高 2 间隔 C 相电流突然增大至 1.2A，母线保护出现大差电流 1.2A，II 母小差 1.2A，但是母线复合电压闭锁，差动保护一直未动作。

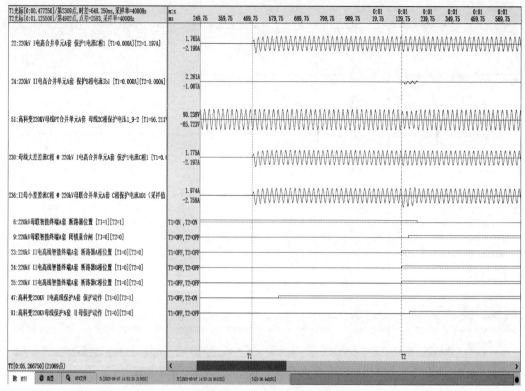

图 5-51　220kV 高科变电站母线间隔全站集中录波

直至Ⅱ电高 1 与Ⅱ电高 2 断路器重合后，Ⅰ电高 2 断路器与 TA 之间 C 相故障通过 500kV 电科变电站并经Ⅱ电高线环回 220kV 高科变电站母线，满足复合电压闭锁开放条件，满足Ⅱ母稳态量差动保护动作条件。

⑥ 220kV 高科变电站主变压器间隔：Ⅰ电高 2 断路器与 TA 之间发生 C 相接地永久性故障后，高科变电站母差保护动作，跳高 220、Ⅰ电高 2 与高 221 断路器，但高 221 断路器未跳开，经现场检查，高 221 出口硬压板未投所致。

如图 5-52 所示，主变压器保护装置保护仅启动，并在母差保护装置录波与高科变电站集中录波发现，母差保护跳高 221 支路时，主变压器保护收到了"高压 1 侧失灵联跳开入""保护板高压 1 侧失灵联跳开入"。由于 220kV 高科变电站母差保护跳开高 220 母联断路器后，隔离了故障点，高压侧电流仅维持了 30 多毫秒，不满足失灵联跳 50ms 延时动作逻辑，因此主变压器保护失灵联跳未动作。同时检查 SCD 文件，发现 220kV 高科变电站主变压器保护高压侧失灵联跳虚回路错订阅为高 221 支路跳闸虚回路。

（5）事故分析结论。

1）故障点 1 在Ⅱ电高线，靠近 220kV 高科变电站侧发生了瞬时性 B 相接地故障。

2）故障点 2 距离故障点 1 大约 500ms，发生Ⅰ电高 2 断路器与 TA 之间死区永久性故障。

3）缺陷 1 为Ⅰ电高线路两侧保护差动保护未投。

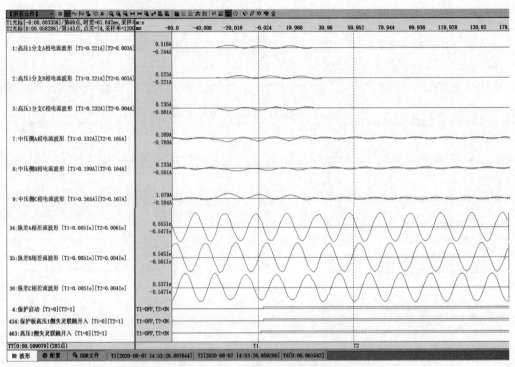

图 5-52　220kV 高科变电站主变压器保护装置录波

4）缺陷 2 为Ⅱ电高 2 线路智能终端 AC 相跳闸均错订阅为跳 B 相虚回路。

5）缺陷 3 为Ⅱ电高线路保护错订阅 TWJ 位置为隔离开关位置。

6）缺陷 4 为 220kV 高科变电站高 221 智能终端出口硬压板未投。

7）缺陷 5 为 220kV 高科变电站 1 号主变压器保护高压 1 侧失灵联跳开入错订阅母线保护跳高 221 虚回路。

5.1.8　双回线 TA 二次电流接反故障分析

案例：500kV 电科变电站与 220kV 高科变电站Ⅰ电高线和Ⅱ电高线，以及 220kV 高科变电站主变压器跳闸分析

（1）事件过程。2020 年 08 月 08 日 17 时 38 分 59 秒 010 毫秒保护启动。

051ms，220kV 高科变电站高 351 断路器三相分位。

053ms，220kV 高科变电站高 220 断路器三相分位。

058ms，220kV 高科变电站高 111 断路器三相分位。

556ms，500kV 电科变电站Ⅱ电高 1 断路器三相分位。

557ms，220kV 高科变电站Ⅱ电高 2 断路器三相分位。

585ms，500kV 电科变电站Ⅰ电高 1 断路器三相分位。

601ms，220kV 高科变电站Ⅰ电高 2 断路器三相分位。

（2）事件前后运行方式及断路器状态。500kV 电科变电站 220kV 为双母线接线，电 221、智能 1 线、Ⅰ电高 1 在Ⅰ母运行；Ⅱ电高 1、智能 3 线在Ⅱ母运行、母联合位运行。

220kV高科变电站母线为双母线接线，Ⅰ电高2在Ⅰ母运行；高211、Ⅱ电高2在Ⅱ母，母联合位运行。事故前和事故后变电站运行方式及断路器状态如图5-53、图5-54所示。

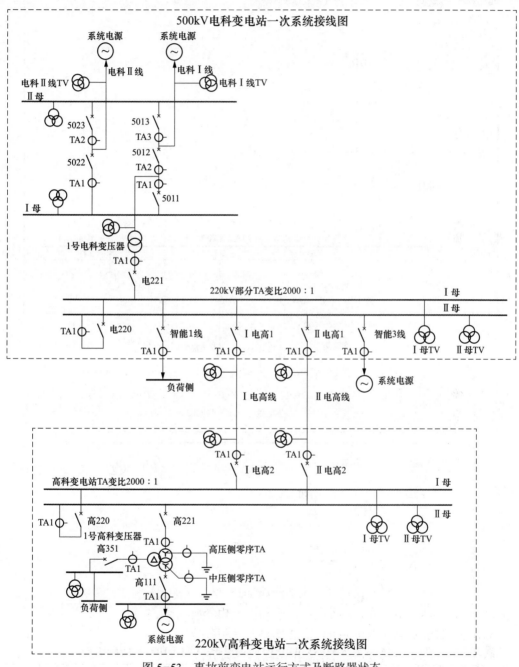

图5-53　事故前变电站运行方式及断路器状态

（3）现场检查情况。500kV电科变电站内二次设备进行全面检查，现场检查内容见表5-30、表5-31。

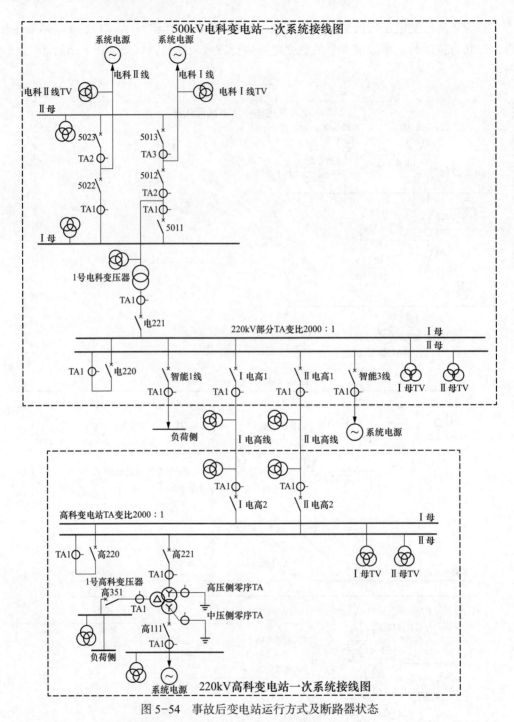

图 5-54　事故后变电站运行方式及断路器状态

表 5-30　　500kV 电科变电站 220kV Ⅱ电高 1 线路保护：CSC-103-DA-G-RP

时间	事件
2020 年 8 月 8 日　17 时 38 分 59 秒 014 毫秒	—
3ms	保护启动

续表

时间	事件
517ms	纵联差动保护动作 跳 ABC 相
	分相差动保护动作 跳 ABC 相

图 5-31　500kV 电科变电站 220kV Ⅰ电高 1 线路保护：PCS-931A-DA-G-R

时间	事件
2020 年 8 月 8 日　17 时 38 分 59 秒 015 毫秒	—
0ms	保护启动
543ms	ABC 相 相间距离保护 I 段动作
572ms	ABC 相 纵联差动保护动作

220kV 高科变电站内二次设备进行全面检查，现场检查内容见表 5-32～表 5-34。

表 5-32　220kV 高科变电站主变压器保护：PCS-978T2-DA-G

时间	事件
2020 年 8 月 8 日　17 时 38 分 59 秒 016 毫秒	—
0ms	保护启动
009ms	AC 纵差动保护速断 跳高压侧，跳中压侧 跳低压 1 分支
010ms	ABC 纵差保护

表 5-33　220kV 高科变电站 Ⅰ电高 2 线路保护：PCS931A-DA-G-R

时间	事件
2020 年 8 月 8 日　17 时 38 分 59 秒 015 毫秒	—
0ms	保护启动
559ms	ABC 纵联差动保护动作

表 5-34　220kV 高科变电站 Ⅱ电高 2 线路保护：CSC-103A-DA-G-RP

时间	事件
2020 年 8 月 8 日　17 时 38 分 59 秒 010 毫秒	—
0ms	保护启动
518ms	纵联差动保护动作 跳 ABC 相 分相差动保护动作 跳 B 相

（4）事故分析。

1）事故时序分析。故障发生时刻 2020 年 8 月 8 日 17 时 38 分 59 秒 010 毫秒，综合两个变电站保护动作情况，根据时间轴法，按顺序进行排列分析，如图 5-55 所示。

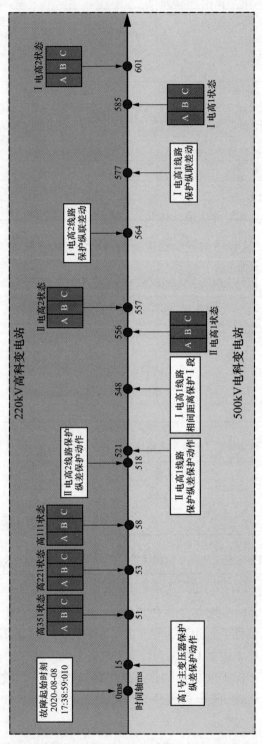

图 5-55　时间轴法

问题 1：为何电科变电站 I 电高 1 线路保护，距离保护先于差动保护动作？

问题 2：为何 II 电高线路两侧断路器跳开后，I 电高线路产生差流？

2）事故逻辑分析。根据时间轴时序，分析两个变电站保护整个事故动作过程。

① 高科变电站主变压器间隔：主变压器保护 15ms 差动保护动作，跳主变压器三侧断路器。从故障录波中可看出，主变压器高压侧 AC 两相电压跌至 0V，AC 两相电流增大，幅值近似相等。且 A 相电流滞后 C 相电流 120°。结合保护动作行为，可知 15ms 时主变压器高压侧发生 AC 两相接地短路故障。

② II 电高线路间隔：500kV II 电高 1 侧，线路保护 521ms 差动保护、ABC 三相跳闸；220kV II 电高 2 侧，线路保护 518ms 差动保护 ABC 三相跳闸。故障时刻，II 电高 1 侧故障电流 0.6A，II 电高 2 侧故障电流 0.6A，II 电高线差动电流为 1.20A，制动电流为 0.04A，此时从 II 电高 1 侧看，计算得接地和相间短路阻抗均为 30Ω。

③ I 电高线路间隔：500kV I 电高 1 侧，线路保护 548ms 相间距离 I 段动作，ABC 三相跳闸，此时从 I 电高 1 侧看，计算得单相和相间接地阻抗均为 8.7Ω，满足距离 I 段范围。I 电高 1 侧故障电流 2.1A，I 电高 2 侧故障电流 0.6A，而 I 电高线差动电流为 1.49A，制动电流为 2.70A，不满足差动比率方程。557ms I 电高 2 侧电流消失，仅 I 电高 1 侧有电流，577ms 差动保护 ABC 三相跳闸。

通过分析可知，第二次故障发生时，II 电高线路两侧差动保护先于 I 电高 1 线路两侧差动保护动作，于 557ms 将 II 电高线路两侧断路器跳开，此时 II 电高 1、II 电高 2、I 电高 2 侧 TA 电流均消失，但 I 电高 1 电流仍存在。再次分析录波发现，故障发生至 II 电高线保护断路器跳开之前，II 电高 1 断路器 TA 电流、I 电高 2 断路器 TA 电流以及 II 电高 2 TA 电流幅值均相等为 0.6A，I 电高线路区内存在故障点。结合 I 电高 1 距离保护动作时刻测量阻抗为 8.7Ω，故障点应靠近 I 电高 1 处。但故障发生时刻 II 电高 1 侧故障电流 0.6A，II 电高 2 侧故障电流 0.6A，II 电高线差动电流为 1.20A，制动电流为 0.04A，可看出 II 电高线两侧电流完全反向；I 电高 1 侧故障电流 2.1A，I 电高 2 侧故障电流 0.6A，而 I 电高线差动电流为 1.49A，制动电流为 2.70A，可以看出 I 电高线两侧电流完全同向。若故障点在 I 电高 1 线，对于 I 电高线两侧电流应反向，II 电高线两侧电流应同向，与实际录波采样结果完全相反。猜测 I 电高 2 与 II 电高 2 TA 二次回路接反，经现场检查 TA 二次回路发现，I 电高 2 与 II 电高 2 两个间隔 TA 确实接反。

故障点位置与故障类型分析：第一次故障发生在高科变电站主变压器高压侧，为 AC 两相短路接地故障，高科变电站主变压器保护差动动作跳三侧；第二次故障发生在 I 电高线靠近电科变电站侧，但由于 I 电高 2 与 II 电高 2 断路器 TA 接反，导致 II 电高线两侧差动保护与 I 电高 1 距离 I 段先动作，I 电高 1 线差动保护不动作。在 II 电高线断路器跳开后，I 电高 2 保护采集到的 II 电高 2 TA 电流消失，故障点仍未隔离，I 电高线差动保护再次动作，跳开 I 电高线两侧断路器，故障切除，如图 5-56～图 5-58 所示。

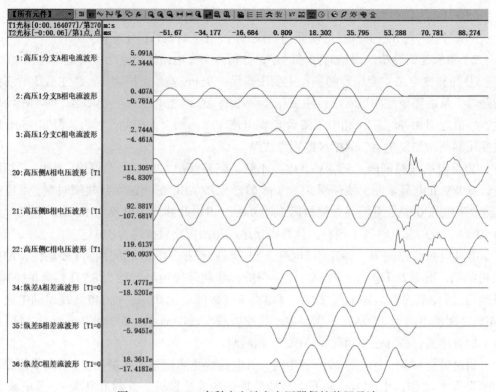

图 5-56　220kV 高科变电站主变压器保护装置录波

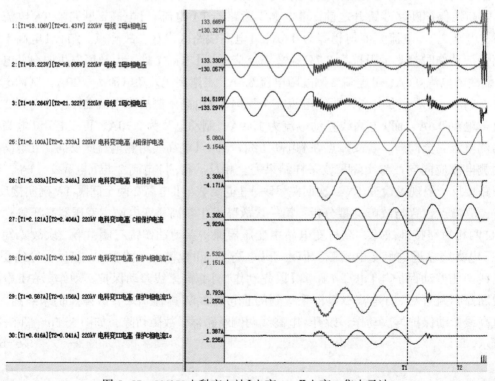

图 5-57　500kV 电科变电站Ⅰ电高 1、Ⅱ电高 1 集中录波

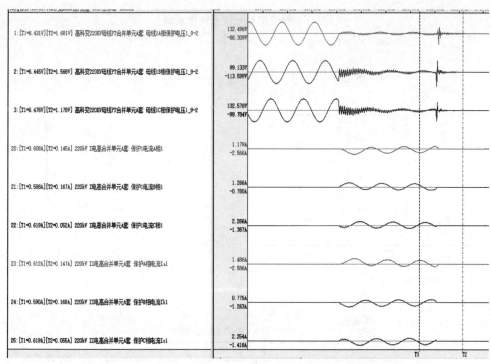

图 5-58　220kV 电科变电站Ⅰ电高 2、Ⅱ电高 2 集中录波

（5）事故分析结论。

1）0ms 在高科变电站主变压器高压侧发生 A、C 两相短路接地故障；500ms 在Ⅰ电高线靠近电科变电站侧发生 ABC 三相短路接地故障。

2）220kV 电科变电站内存在缺陷。高科变电站Ⅰ电高 2 与Ⅱ电高 2 断路器 TA 接反。

5.1.9　线路死区断线后接地故障分析

案例：500kV 电科变电站Ⅰ电高线路保护与母线保护跳闸分析

（1）事件过程。2020 年 08 月 07 日，17 时 54 分 15 秒 017 毫秒保护启动。

240ms，500kV 电科变电站 262 断路器三相分位。

241ms，500kV 电科变电站电 220 断路器三相分位。

244ms，500kV 电科变电站 261 断路器三相分位。

251ms，500kV 电科变电站电 221 断路器三相分位。

1450ms，220kV 高科变电站高 262 断路器三相分位。

（2）事件前后运行方式及断路器状态。500kV 电科变电站 220kV 为双母线接线，电 221、智能 1 线、Ⅰ电高 1 在Ⅰ母运行；Ⅰ电高 1、智能 3 线在Ⅱ母运行、母联合位运行。

220kV 高科变电站母线为双母线接线，Ⅰ电高 2 在Ⅰ母运行；高 211、Ⅱ电高 2 在Ⅱ母，母联合位运行。事故前和事故后变电站运行方式及断路器状态如图 5-59、图 5-60所示。

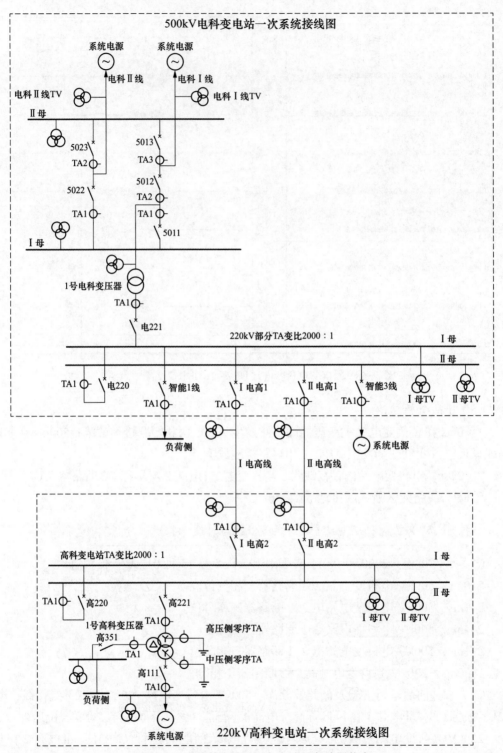

图 5-59 事故前变电站运行方式及断路器状态

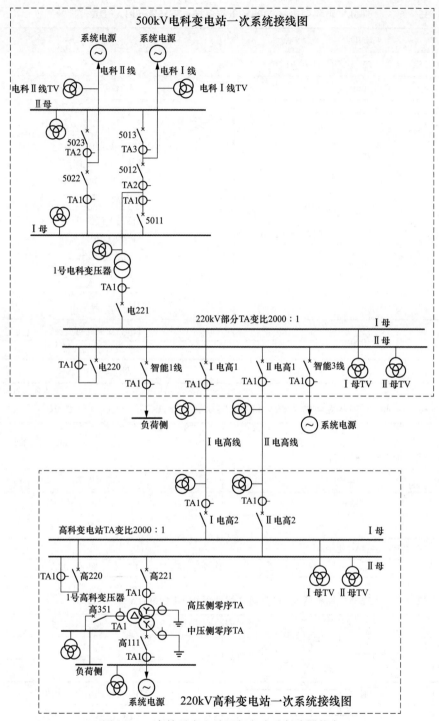

图 5-60　事故后变电站运行方式及断路器状态

（3）现场检查情况。500kV 电科变电站内二次设备进行全面检查，现场检查内容见表 5-35、表 5-36。

表 5-35　　　500kV 电科变电站 220kV 母线保护：WMH-801A-DA-G

时间	事件
2020 年 8 月 7 日　17 时 54 分 15 秒 017 毫秒	—
0ms	保护启动
201ms	Ⅰ母差保护动作 Ⅰ母差保护跳母联 母联跳闸出口 主变压器 1 跳闸出口 智能 1 线跳闸出口 Ⅰ电高线跳闸出口
409ms	Ⅰ母差保护动作 Ⅰ母差保护跳母联 母联跳闸出口 主变压器 1 跳闸出口 智能 1 线跳闸出口 Ⅰ电高线跳闸出口
764ms	Ⅰ电高线断路器失灵 失灵保护跳母联
1015ms	Ⅰ母失灵保护动作

表 5-36　　　500kV 电科变电站 220kV Ⅰ电高 1 线路保护：PCS-931A-DA-G-R

时间	事件
2020 年 8 月 7 日　17：54：15：221 毫秒	—
0ms	保护启动
298ms	ABC 相 零序加速动作
395ms	ABC 相 单相运行三跳

220kV 高科变电站内二次设备进行全面检查，现场检查内容见表 5-37。

表 5-37　　　220kV 高科变电站Ⅰ电高 2 线路保护：PCS931A-DA-G-R

时间	事件
2020 年 8 月 7 日　17 时 54 分 15 秒 221 毫秒	—
0ms	保护启动
1210ms	ABC 相接地距离Ⅱ段动作
1298ms	ABC 相加速联跳动作

（4）事故分析。

1）事故时序分析。故障发生时刻 2020 年 08 月 07 日 17 时 54 分 15 秒 017 毫秒，综合两个变电站保护动作情况，根据时间轴法，按顺序进行排列分析，如图 5-61 所示。

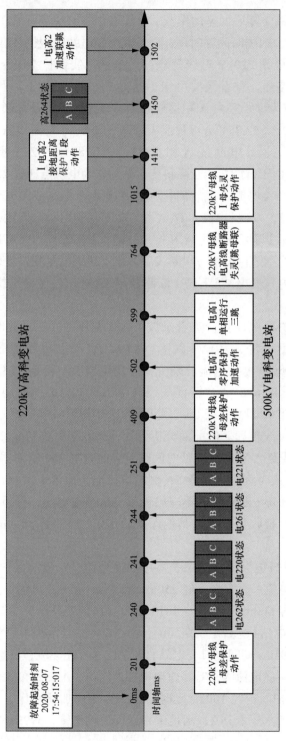

图 5-61　时间轴法

问题 1：为何电科变电站 220kV 母线保护第一次 I 母差保护动作，200ms 后 I 母再次出现差流？

问题 2：为何 I 电高 1 零序加速动作？

2）事故逻辑分析。根据时间轴时序，分析两个变电站保护整个事故动作过程。

① 500kV 电科变电站 220kV 母线间隔：220kV 母线保护 201ms I 母差保护动作，跳开 I 母所有支路断路器。查看录波可知（见图 5-62），此时 I、Ⅱ 母 A 相电压为 0，B、C 相电压正常，应为母线区内 A 相接地故障。母线各支路及母联 A 相电流分别为，主变压器 1 A 相 3.172∠-72.853° A、智能 1 线 A 相 0A、I 电高线 A 相 0A、智能 3 线 A 相 2.075∠-81.295° A、Ⅱ 电高线 A 相 0.853∠-97.283° A、220 母联 A 相 2.918∠-85.579° A。可以看出，由于智能 3 线及高科变电站均作为电源点通过 220 母联向 I 母提供短路电流。但 I 电高 1 TA 电流为 0，高科变电站只通过 Ⅱ 电高线向电科变电站提供短路电流。进一步查看录波，发现 I 电高 1 TA A 相在母差保护启动前有流，保护启动时刻电流消失，大约 200ms 后 I 母区内发生 A 相接地故障，I 电高 1 TA A 相仍无电流。符合线路断路器与 TA 死区，发生 A 相一次断线后，靠近断路器侧断口接地故障特征。经现场检查发现，500kV 电科变电站 I 电高 1 断路器与 TA 死区发生一次线路 A 相断线，断口两侧均接地故障。

409ms I 母差保护再次动作。查看录波可知（见图 5-63），此时 I 母三相电压幅值较小，为母线残压，Ⅱ 母 A 相电压跌落至 44V，B、C 相电压正常，应为 A 相接地故障。母线各支路及母联 A 相电流分别为，主变压器 1 A 相 0A、智能 1 线 A 相 0A、I 电高线 A 相 0.970∠84.696° A、智能 3 线 A 相 0.505∠103.508° A、Ⅱ 电高线 A 相 0.506∠-77.486° A、220 母联 A 相 0A。可以看出，Ⅱ 母 A 相小差差流为零，故障点位于 Ⅱ 母区外且距离母线较远。由前面分析可知，500kV 电科变电站 I 电高 1 断路器与 TA 死区发生一次线路 A 相断线，从时间轴上看此时电 262 断路器已跳开，但 I 电高 1 TA 仍有电流，因此该时刻应为靠近 TA 侧断口接地。但第一次 I 母差保护动作时刻，应发远跳信号跳开 I 电高 2 断路器，不应出现第二次接地电流，经检查发现，I 电高线路保护 GOOSE 异常，接收母线保护其他保护动作信号光纤断开，故对侧断路器未跳开。

502ms 电科变电站 I 电高 1 线路保护零序加速动作，向母线保护发送启失灵信号，由于 I 电高 1 TA A 相电流一直存在，经 250ms 延时后，764ms 母线保护支路失灵保护动作跳电 220 断路器，经 500ms 延时后，1015ms 母线保护失灵保护动作跳 I 母支路。

② 500kV 电科变电站 I 电高 1 线路间隔：由于 240ms I 电高 1 三相断路器被母差保护保护跳开且 240～393ms 期间电科变电站 I 电高 1 TA A 相无流，后电科变电站 I 电高 1 TA A 相产生电流且零序电流大于零序过电流加速定值，A 相跳位无流后有流，满足手合加速逻辑，线路保护固定经 100ms 延时后 502ms 零序加速动作，又因为 B、C 两相无流且跳位，零序电流大于 0.15A，满足单相运行三跳逻辑，599ms 单相运行三跳（见图 5-64）。

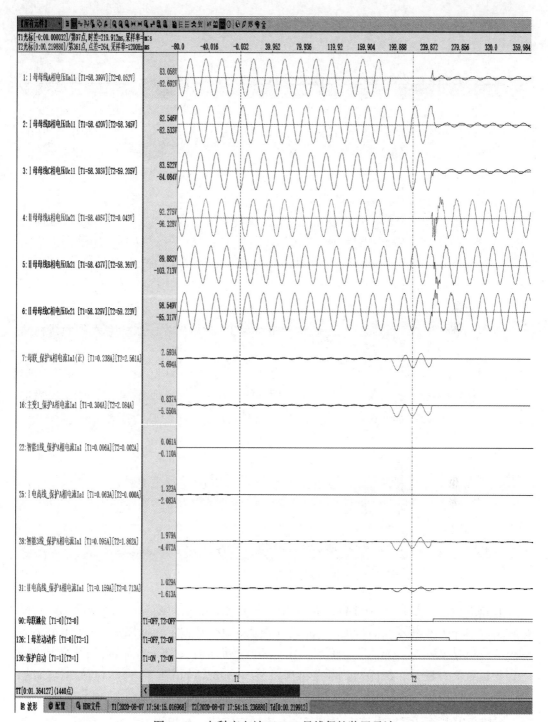

图 5-62 电科变电站 220kV 母线保护装置录波

③ 220kV 高科变电站 I 电高 1 线路间隔：由于故障一直未切除，I 电高线持续有故障电流且在 II 电高 2 线路保护距离 II 段保护范围内，II 电高 2 线路保护 1414ms 接地距离 II 段动作，由于 I 电高 1 线路保护在加速动作后，仍有零序电流，故一直向 I 电

高 2 发加速联跳令，在Ⅰ电高 2 断路器跳开后，处于非全相状态，1502ms 加速联跳动作。

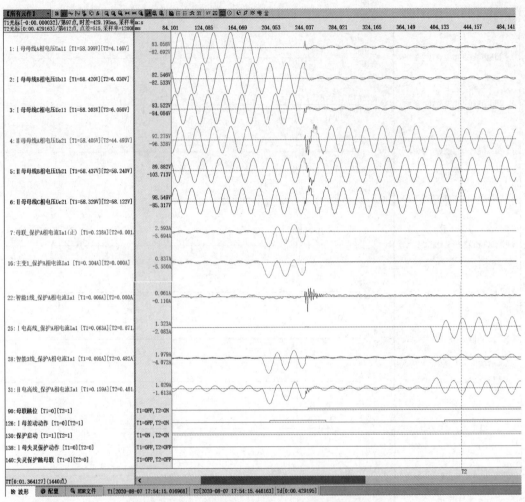

图 5-63　电科变电站 220kV 母线保护装置录波

故障点位置与故障类型分析：故障发生于电科变电站Ⅰ电高 1 断路器与 TA 死区，故障类型为一次 A 相断线后接地。0ms A 相断线，200ms 时靠近断路器断口处接地，此时电科变电站 220kV 母线Ⅰ母差保护动作，切除Ⅰ母所有支路，由于Ⅰ电高线保护收母差保护远跳光纤断开，线路对侧断路器未跳开。400ms 时靠近 TA 侧断口接地，通过Ⅰ电高 2 线路保护距离Ⅱ段动作，跳开高 262 断路器，隔离故障。

（5）事故分析结论。

1）故障点位于电科变电站Ⅰ电高 1 断路器与 TA 死区，故障类型为一次线路 A 相断线后接地。

2）电科变电站Ⅰ电高 1 线路保护订阅母线保护远跳光纤断开。

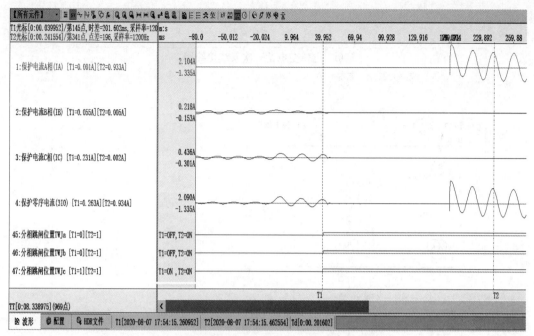

图 5-64　电科变电站 I 电高线路保护装置录波

5.1.10　线路多重性故障分析

案例：II 电高线一端高阻接地，一端金属性接地；I 电高线两端分别金属性接地。

（1）事件过程。2020 年 08 月 09 日 18 时 22 分 45 秒 014 毫秒保护启动。

158ms　II 电高 2 断路器 C 相分位。

168ms　II 电高 1 断路器 C 相分位。

203ms　II 电高 2 断路器三相分位。

207ms　II 电高 1 断路器三相分位。

320ms　I 电高 1 断路器 A 相分位。

322ms　I 电高 2 断路器 A 相分位。

500ms　I 电高 1 断路器三相分位。

502ms　I 电高 2 断路器三相分位。

（2）事件前后运行方式及断路器状态。500kV 电科变电站 220kV 为双母线接线，电 221、智能 1 线、I 电高 1 在 I 母运行；智能 3 线、II 电高 1 在 II 母运行，母联合位。

220kV 高科变电站母线为双母线接线，I 电高 2 在 I 母运行；高 221、II 电高 2 在 II 母，母联合位，高 1 号主变压器接线方式 YNynd11，中、低压侧空载。系统正常和故障后运行方式如图 5-65、图 5-66 所示。

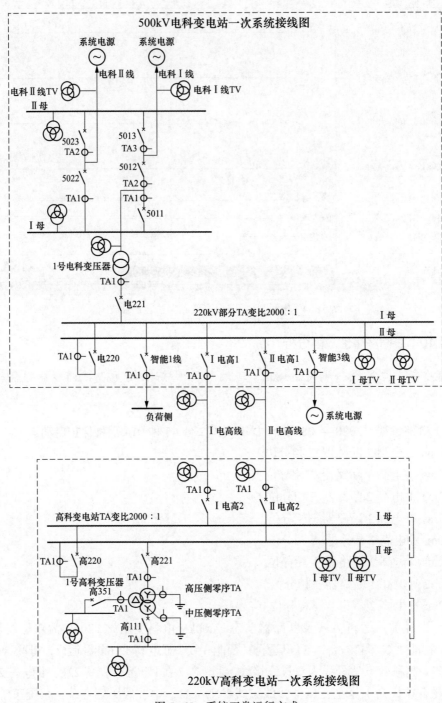

图 5-65　系统正常运行方式

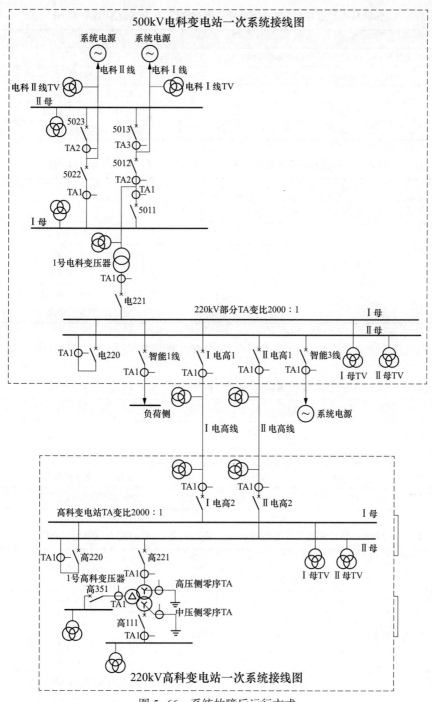

图 5-66　系统故障后运行方式

（3）现场检查情况。500kV 电科变电站内二次设备进行全面检查，现场检查内容见表 5-38、表 5-39。

表 5-38　　　500kV 电科变电站Ⅰ电高线保护：南瑞继保 PCS-931A-DA-G-R

时间	事件
2020 年 8 月 9 日　18 时 22 分 45 秒 166 毫秒	—
0ms	保护启动
133ms	A 纵联差动保护动作
133ms	A 接地距离Ⅰ段动作
311ms	ABC 纵联差动保护动作

表 5-39　　　500kV 电科变电站Ⅱ电高线保护：北京四方 CSC-103A-DA-G-RP

时间	事件
2020 年 8 月 9 日　18 时 22 分 45 秒 014 毫秒	—
3ms	保护启动
130ms	纵联差动保护动作　跳 C 相 零序差动保护动作
170ms	纵联差动保护动作，跳 ABC 相 差动保护发展动作

220kV 高科变电站内二次设备进行全面检查，现场检查内容见表 5-40、表 5-41。

表 5-40　　　220kV 高科变电站Ⅰ电高线保护：南瑞继保 PCS-931A-DA-G-R

时间	事件
2020 年 8 月 9 日　18 时 22 分 45 秒 166 毫秒	—
0ms	保护启动
133ms	A 纵联差动保护动作
312ms	ABC 纵联差动保护动作

表 5-41　　　220kV 高科变电站Ⅱ电高线保护：北京四方 CSC-103A-DA-G-RP

时间	事件
2020 年 8 月 9 日　18 时 22 分 45 秒 030 毫秒	—
0ms	差动保护远方召唤启动
14ms	保护启动
104ms	纵联差动保护动作　跳 C 相 零序差动保护动作
146ms	纵联差动动作　跳 ABC 相 差动保护发展动作
155ms	距离Ⅰ段发展动作

（4）事故分析。

1）事故时序分析。故障发生时刻 2020 年 8 月 9 日 18 时 22 分 45 秒 014 毫秒。综合两个变电站保护动作情况，根据时间轴法，按顺序进行排列分析，如图 5-67 所示。

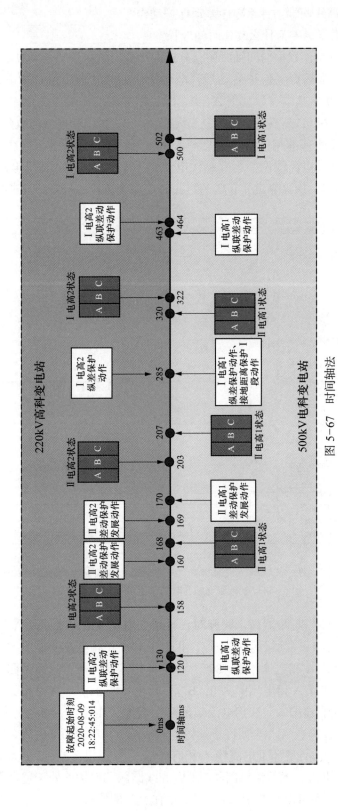

图 5-67 时间轴法

问题 1：Ⅱ电高线两端为什么零序差动保护动作？

问题 2：Ⅰ电高线纵差为什么动作时间较长？

2）事故逻辑分析。根据时间轴时序，分析两个变电站保护整个事故动作过程。

故障前系统正常运行。保护启动后，电科变电站Ⅱ电高线路 C 相电流有所增大，A、B 相电流与故障前基本一致，但 A、B、C 三相电压均无明显变化，与故障前保持一致（录波见图 5-68）；高科变电站Ⅱ电高线路 A、C 三相电流与故障前基本一致，三相电压也与故障前基本相同（录波见图 5-69）。经分析计算Ⅱ电高线 C 相有差流，A、B 两相无差流；Ⅰ电高线两侧为穿越性电流，无差流。同时考虑Ⅱ电高线两侧保护报零序差动保护动作，推测靠近Ⅱ电高 1 侧发生 C 相经过渡电阻短路且过渡电阻较大。

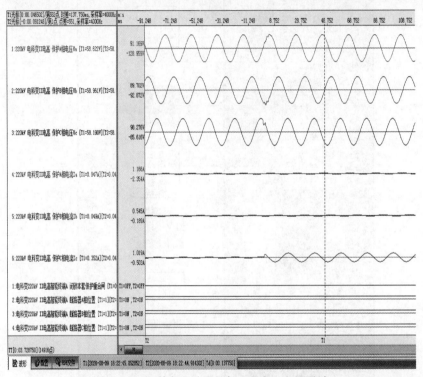

图 5-68 电科变电站Ⅱ电高 1 电流、电压录波

Ⅱ电高线两侧 C 相断路器尚未跳开时，电科变电站Ⅱ电高 1 间隔 A 相电压突然降低，B、C 相电压仍与正常运行基本一致。Ⅱ电高 1 的 A 相电流明显增大、B 相电流幅值略有增加，相位与 A 相电流接近 180°，呈现 A 相接地特征（录波见图 5-70）；高科变电站侧Ⅱ电高 2 间隔 A 相电压降为 0，B、C 相电压与正常运行时无明显变化，Ⅱ电高 2 的 A 相电流亦明显增大，B 相电流幅值略有增加、相位与 A 相接近同相，结合运行方式，故障特征较符合 A 相金属性接地短路且故障点可能靠近Ⅱ电高 2 侧（录波见图 5-71）。结合两侧录波计算得Ⅱ电高线 A 相有差流，而 B 相无差流，C 相已跳开；Ⅰ电高线两侧为穿越性电流，无差流。因此时Ⅱ电高线路两端保护均处于重合期间，故两端差动保护再次动作，而Ⅱ电高 2 距离Ⅰ段发展动作，两侧均跳三相。

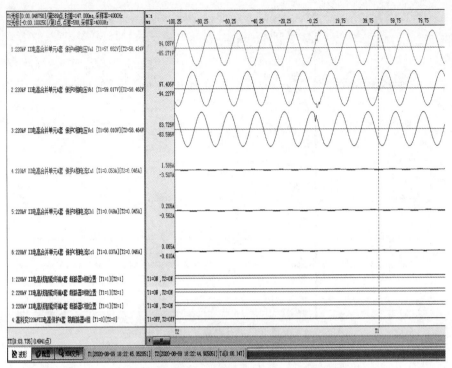

图 5-69 高科变电站 Ⅱ 电高 2 电流、电压录波

Ⅱ 电高线两侧三相断路器跳开后，电科变电站和高科变电站站内 220kV A 相电压分别恢复正常。约 35ms 后，系统再次发生故障。电科变电站 I 电高 1 间隔 A 相电压降为 0，B、C 相电压与正常时基本一致，A 相电流明显增大，B、C 相电流变化不明显（录波见图 5-72）；高科变电站 I 电高 2 间隔 A 相电压明显降低，B、C 相电压与正常相比无明显变化，I 电高 2 三相电流呈零序电流特征，幅值相位略有不同（录波见图 5-73）。因 Ⅱ 电高两侧断路器在此之前已经跳开，结合上述特征推测 I 电高 1 出口处发生 A 相金属性接地短路，接地距离 I 段亦保护动作，两侧纵差动作。

I 电高两侧断路器跳开，电科变电站三相电压恢复正常；高科变电站 B、C 相电压正常，A 相虽然断路器跳开但电压正常，由于高 1 号主变压器耦合作用，高压侧 A 相电压通过 B、C 相耦合得到。约 120ms 后，高科变电站 C 相电压突降为 0，A、B 相电压变化不明显，A 相跳开无电流，B、C 相电流呈现零序电流特征；电科变电站 C 相电压略有下降，A、B 相电压无明显变化，C 相电流明显增加，A 相跳开无电流，B 相电流无明显变化。综上所述，推测高科变电站 I 电高 2 出口处发生 C 相金属性接地短路，三相断路器跳开，至此整个故障过程结束。

（5）事故结论。

1）Ⅱ 电高 1 出口处 C 相高阻接地。

2）Ⅱ 电高 2 出口 A 相金属性接地。

3）I 电高 1 出口处 A 相金属性接地。

4）I 电高 2 出口处 C 相接地。

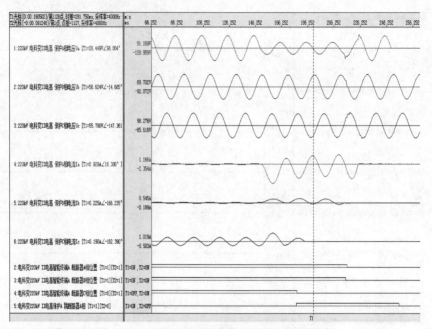

图 5-70　电科变电站Ⅱ电高 1 电流、电压录波

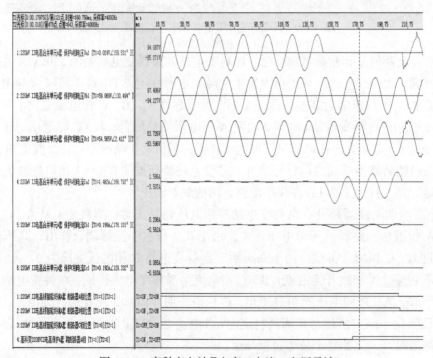

图 5-71　高科变电站Ⅱ电高 2 电流、电压录波

5.1.11　主变压器断路器与 TA 之间转移性故障分析

案例：220kV 高科变电站 220kV 母线保护闭锁，高 1 号主变压器高压侧断路器与 TA 之间发生 B 相接地转移性故障。

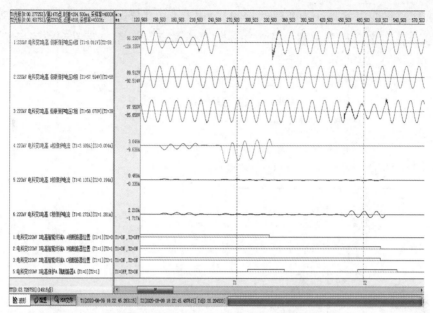

图 5-72 电科变电站 I 电高电压、电流录波

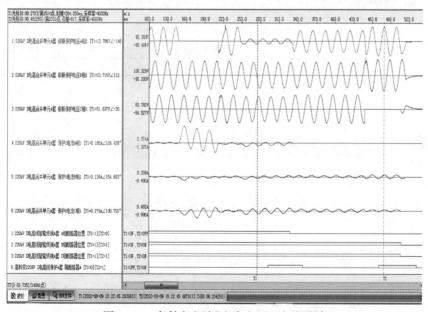

图 5-73 高科变电站 I 电高电压、电流录波

（1）事件过程。2020 年 08 月 10 日 11 时 06 分 36 秒 010 毫秒，保护启动。

240ms，高 221 断路器三相分位。

240ms，高 1 号主变压器中压侧断路器跳开。

252ms，高 1 号主变压器低压侧断路器跳开。

（2）事件前后运行方式及断路器状态。500kV 电科变电站 220kV 为双母线接线，智能 1 线、I 电高 1、电 221 在 I 母运行；智能 3 线、II 电高 1 在 II 母运行，母联合位。

　　220kV 高科变电站母线为双母线接线，I电高 2 在 I 母运行；高 211、Ⅱ电高 2 在Ⅱ母，母联合位，主变压器接线方式 YNynd11，空载运行。系统正常和故障后运行方式如图 5-74、图 5-75 所示。

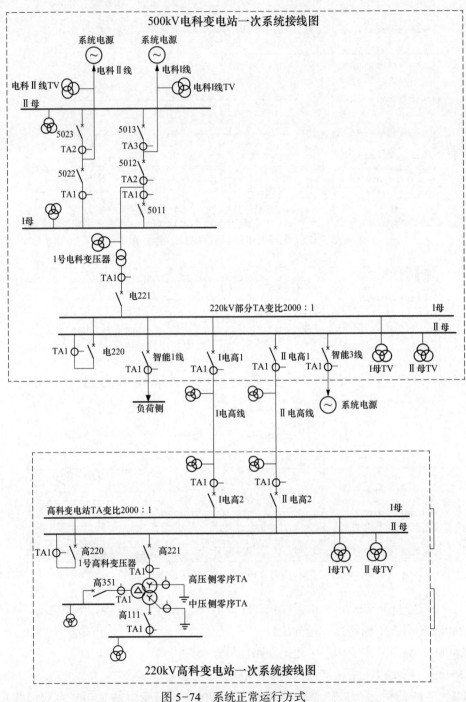

图 5-74　系统正常运行方式

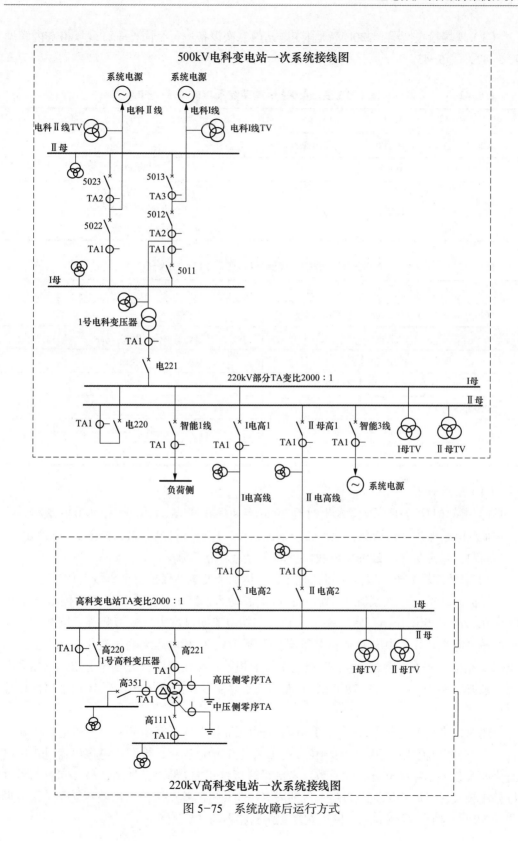

图 5-75 系统故障后运行方式

（3）现场检查情况。220kV高科变电站内二次设备进行全面检查，现场检查内容见表5-42、表5-43。

表5-42　　　　　220kV高1号主变压器保护：南瑞继保 PCS-978T2-DA-G

时间	事件
2020 年 8 月 10 日　11 时 06 分 36 秒 010 毫秒	—
0ms	保护启动
205ms	ABC 纵差保护 跳高压侧，跳中压侧 跳低压 1 分支

表5-43　　　　　220kV母线保护：南瑞继保 PCS-915A-DA-G

时间	事件
2020 年 8 月 10 日　11 时 06 分 26 秒 868 毫秒	—
SV 告警	0>1
5 号板 SV 报警	0>1
主变压器 1_SV_A 网链路出错	0>1
2020 年 8 月 10 日　11 时 06 分 36 秒 219 毫秒	—
0ms	保护启动
1ms	失灵保护启动

（4）事故分析。

1）事故时序分析。故障发生时刻 2020 年 8 月 6 日 18 时 44 分 25 秒 020 毫秒。综合两个变电站保护动作情况，根据时间轴法，按顺序进行排列分析，如图 5-76 所示。

问题：高科变电站 220kV 母线保护动作行为是否正确？

2）事故逻辑分析。根据时间轴时序，分析两个变电站保护整个事故动作过程。

保护启动前，一次系统正常运行；保护启动后，高 1 号主变压器高压侧 B 线电压降为 0，A、C 相电压与正常时基本一致，三相电流明显增大且幅值相等、同相位，典型的零序电流特征；中压侧 B 相电压明显下降，A、C 相电压无明显变化，无电流；低压侧 C 相电压基本无变化，A、B 相电压幅值相等，明显降低，无零序电压，三相无电流（录波见图 5-77、图 5-78）。综上推测高 1 号主变压器高压侧发生 B 相金属性接地短路。

此时，高科变电站Ⅰ电高 2、Ⅱ电高 2 两间隔电流特征完全一致，B 相电流明显增大，A、C 相电流幅值相等、同相位，与 B 相电流接近反相，推测为零序电流且正序电流分配系数大于零序电流分配系数；考虑母联极性指向Ⅰ母，经计算，高 220kV 母线Ⅱ母差流较大，但母差保护因为高 1 号间隔 SV 告警闭锁差动保护，母差不动作（录波见图 5-79）。综上，推测故障点发生在高 221 断路器与 TA 之间。

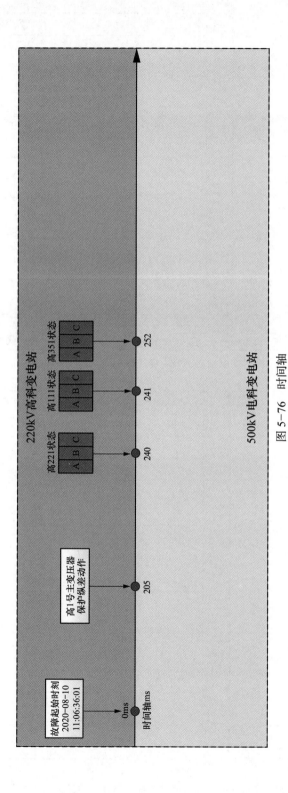

图 5-76 时间轴

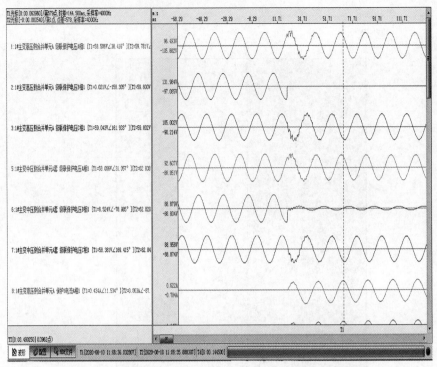

图 5-77　高科变电站高 1 号主变压器电压、电流录波（一）

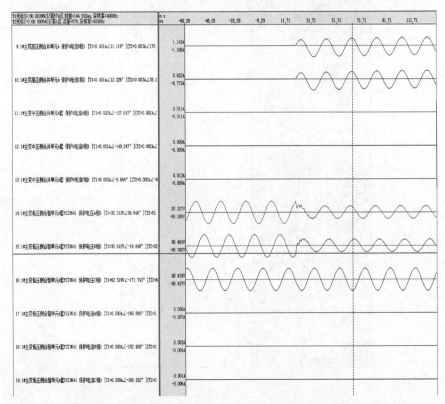

图 5-78　高科变电站高 1 号主变压器电压、电流录波（二）

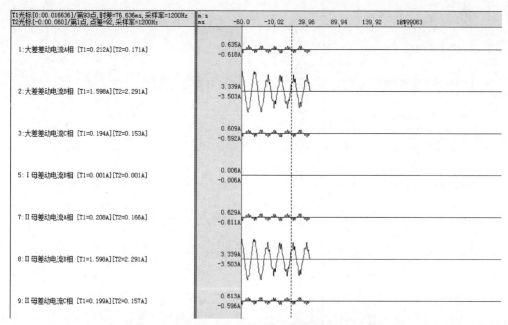

图 5-79　高科变电站 220kV 母线保护装置录波

200ms 后，高 1 号主变压器高压侧 B 相电流突然再次增大，A、C 相电流基本无变化，三相电压无变化，主变压器中、低压侧电压、电流均无明显变化，但经计算，高 1 号主变压器高压侧 B 相故障电流与母线流入故障点电流不符，推测故障点由高 221 断路器与 TA 之间发展至高压侧区内，结合保护动作报文，高 1 号主变压器保护纵差动作，跳开三相，故障隔离（录波见图 5-80、图 5-81）。

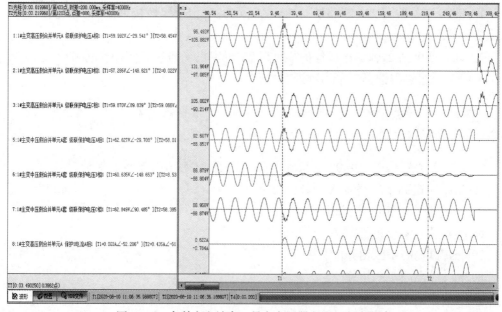

图 5-80　高科变电站高 1 号主变压器电压、电流录波

169

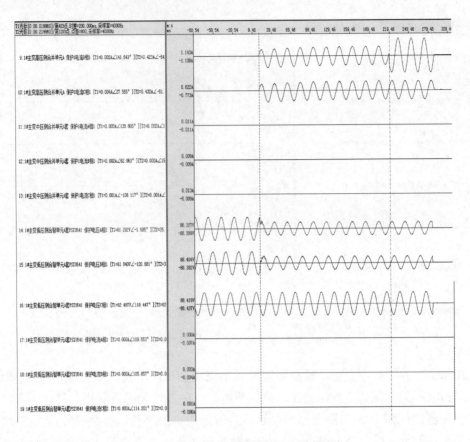

图 5-81 高 1 号主变压器电压、电流录波

（5）事故结论。

1）高科变电站高 221 断路器与 TA 之间发生 B 相金属性接地短路，后发展至高 1 号主变压器区内 B。

2）高科变电站 220kV 母线保护接收高 221 间隔 SV 告警，闭锁差动保护。

5.1.12 线路断线与跨线复合故障分析

案例：高科变电站高 220 母联 TA 极性接反，Ⅱ电高 A 相断线一侧接地，另一侧与Ⅰ电高线跨线故障。

（1）事件过程。2020 年 08 月 08 日 14 时 12 分 21 秒 012 毫秒，保护启动。

254ms，Ⅱ电高 1 断路器 A 相分位。

305ms，高 221 断路器三相分位。

660ms，Ⅱ电高 2 断路器 B、C 相分位。

798ms，Ⅰ电高 1 三相分位。

802ms，Ⅰ电高 2 三相分位。

1348ms，Ⅱ电高 1 断路器 A 相上，三相合位。

1414ms，Ⅱ电高 1 断路器三相分位。

（2）事件前后运行方式及断路器状态。500kV电科变电站220kV为双母线接线，Ⅰ电高1、智能1线、智能3线在Ⅰ母运行；电221、Ⅱ电高1在Ⅱ母运行，母联合位。

220kV高科变电站母线为双母线接线，Ⅰ电高2在Ⅰ母运行；高211、Ⅱ电高2在Ⅱ母，母联合位，主变压器接线方式YNynd11。系统正常和故障后运行方式如图5-82、图5-83所示。

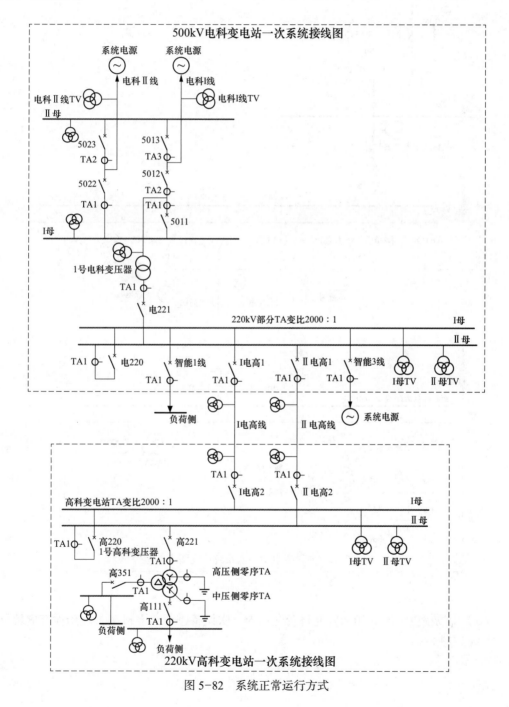

图 5-82　系统正常运行方式

171

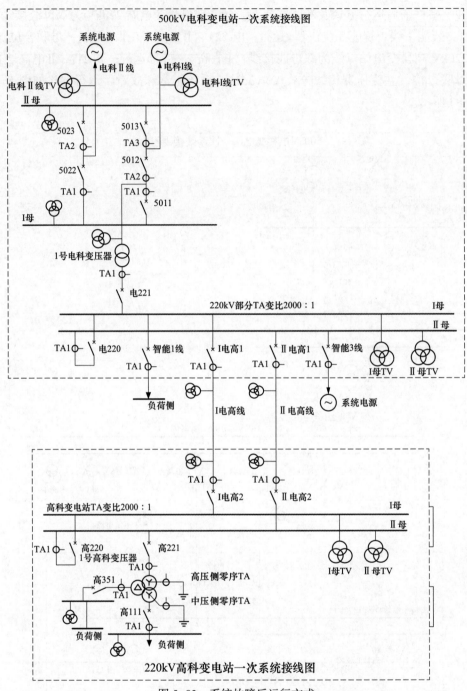

图 5-83 系统故障后运行方式

（3）现场检查情况。500kV 电科变电站内二次设备进行全面检查，现场检查内容见表 5-44、表 5-45。

表 5-44　　　　500kV 电科变电站Ⅰ电高线保护：南瑞继保 PCS-931A-DA-G-R

时间	事件
2020 年 8 月 8 日　14 时 12 分 21 秒 275 毫秒	—
0ms	保护启动
498ms	ABC 纵联差动保护动作 故障相别 AB

表 5-45　　　　500kV 电科变电站Ⅱ电高线保护：北京四方 CSC-103A-DA-G-RP

时间	事件
2020 年 8 月 8 日　14 时 12 分 21 秒 017 毫秒	—
4ms	保护启动
211ms	纵联差动保护动作 A 相跳 A 相
231ms	接地距离 I 段动作 A 相跳 A 相
285ms	单跳启动重合
1284ms	重合闸动作
1371ms	纵联差动保护动作 跳 ABC 相
1373ms	距离Ⅱ段加速动作 A 相跳 ABC
1373ms	距离加速动作 A 相跳 ABC
1424ms	零序加速动作 A 相跳 ABC 相

220kV 高科变电站内二次设备进行全面检查，现场检查内容见表 5-46～表 5-48。

表 5-46　　　　220kV 高科变电站 Ⅰ电高线路保护：南瑞继保 PCS931A-DA-G-R

时间	事件
2020 年 8 月 8 日　14 时 12 分 21 秒 025 毫秒	—
0ms	保护启动
748ms	ABC 纵联差动保护动作 故障相别 AB

表 5-47 220kV 高科变电站 Ⅱ电高线路保护：北京四方 CSC-103A-DA-G

时间	事件
2020 年 8 月 8 日　14 时 12 分 21 秒 012 毫秒	—
0ms	保护启动
212ms	纵联差动保护动作 A 相跳 A 相
254ms	单跳启动重合
619ms	纵联差动保护动作 跳 ABC 相
622ms	距离Ⅱ段加速动作 ABN 相 跳 ABC
671ms	零序加速动作 A 相跳 ABC 相

表 5-48 220kV 母线保护：南瑞继保 PCS-915A-DA-G

时间	事件
2020 年 8 月 8 日　14 时 12 分 21 秒 216 毫秒	—
0ms	保护启动
0ms	差动保护启动
15ms	失灵保护启动
63ms	差动保护跳母联 220 断路器 动作相别 B

（4）事故分析。

1）事故时序分析。故障发生时刻 2020 年 08 月 08 日 14 时 12 分 21 秒 012 毫秒。综合两个变电站保护动作情况，根据时间轴法，按顺序进行排列分析，如图 5-84 所示。

问题 1：高科变电站 220kV 母线保护差动保护动作为什么只跳母联？

问题 2：高 221 断路器为什么会跳开？

问题 3：Ⅱ电高 2 距离保护Ⅱ段加速选相 ABN 是否正确？

2）事故逻辑分析。根据时间轴时序，分析两个变电站保护整个事故动作过程。

故障前，系统正常运行。电科变电站侧，Ⅰ电高 1 间隔三相电压正常，B、C 存在负荷电流、A 相无流；高科变电站侧，Ⅰ电高 2 间隔三相电压正常，三相存在负荷电流，因此怀疑电科变电站Ⅰ电高 1 间隔 A 相电流回路二次断线。保护启动时，Ⅱ电高线两端保护 A 相电流同时消失，B、C 相电流保持不变，三相电压正常（录波见图 5-85），Ⅱ电高线两侧断路器并未变位，仍合位状态，因此怀疑Ⅱ电高线发生一次断线。

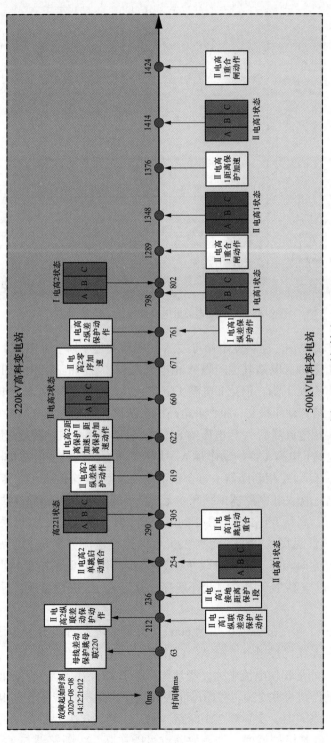

图 5-84　时间轴法

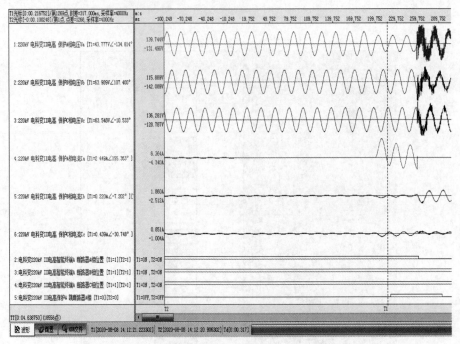

图 5-85　电科变电站Ⅱ电高线电压、电流录波

保护启动后约 200ms，电科变电站母线 A 相电压明显下降，Ⅱ电高 1 间隔 A 相电流明显升高，约等于电科变电站其他间隔 A 相电流之和；对侧高科变电站Ⅱ电高 2 间隔 A 相电压幅值比正常有所下降，但比Ⅱ电高 1 侧略大，Ⅱ电高 2 间隔 A 相电流为 0，B、C 相电流稍有增加。结合动作报文，推测Ⅱ电高线在断口靠近电科变电站侧发生 A 相接地，又Ⅱ电高 1 间隔 A 相电流滞后 A 相电压约 80°，说明是单相金属性接地短路，在距离Ⅰ段范围内。电科变电站Ⅱ电高 1 保护动作跳 A，并启动重合。高科变电站Ⅱ电高 2 间隔差动保护动作跳 A 相。实际 A 相断路器一直合位不变位，但Ⅱ电高线断线，接地故障发生在电科变电站断口侧，故 A 相断路器未跳开亦无流且怀疑 A 相跳闸回路有缺陷。

结合录波分析，高科变电站Ⅰ电高 2 间隔、高 221 间隔、高 220 母联三个间隔 A 相电流幅值相等（录波见图 5-86），而高 220 母联 A 相电流方向与Ⅰ电高 2 同向、与高 221 间隔 A 相电流方向相反，考虑母联 TA 极性实际朝向Ⅰ母，高 220 间隔 A 相方向应与高 221 同向、与Ⅰ电高 2 反向，因此怀疑高 220 母联 TA 极性接反，导致母线保护判母联 TA 断线。

Ⅱ电高线 A 断口 A 相故障发生后约 60ms，高科变电站母线 B 相电压突降为 0，此时Ⅱ电高 1 断路器 A 相已经跳开，故 A、C 相电压与正常相比基本一致（见图 5-87）；同时高科变电站各间隔 B 相电流增大，经计算母线 B 相存在差流，因之前判母联 TA 断线，故母差保护动作跳母联 220。考虑母联极性接反，根据母线各支路电流判别故障点应在高 220kV Ⅱ母范围内。实际高 221 断路器跳开，怀疑母差保护跳闸回路接错。而高 221 开挂跳开后，母差保护返回，推测故障点可能在高 221 断路器与 TA 之间，B 相金属性接地短路。

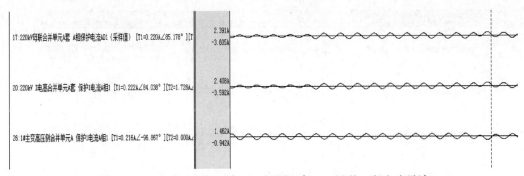

图 5-86   I电高2间隔、高221间隔、高220母联A相电流录波

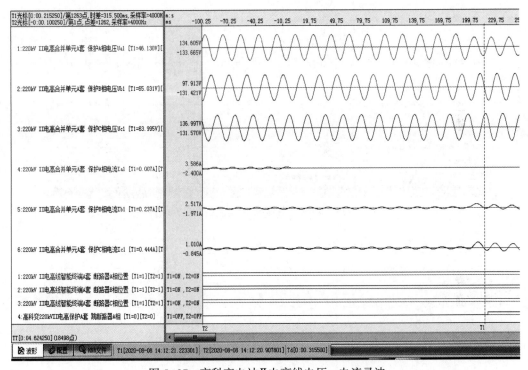

图 5-87   高科变电站II电高线电压、电流录波

约 600ms，线路再次发生故障。电科变电站 A、B 相电压幅值相等，均有所下降，C 相电压基本无变化，电科变电站母线电压呈现相间短路特征（见图 5-88～图 5-90）。I 电高线 B 相电流明显增大（见图 5-91）；高科变电站 A、B 相电压明显降低，幅值相等，C 相电压无明显变化，但高科变电站母线有较大的不平衡零序电压。I电高2间隔A相电流和对侧I电高1间隔B相电流幅值接近、相位近似同相（见图 5-92）；II电高2间隔A相电流与I电高1间隔B相电流幅值接近、相位基本反相；I电高线路和II电高线路C相在故障点左右形成零序环流；计算I电高线和II电高两线路各相差流，结合保护I电高线两侧保护动作报文，怀疑此时I电高 B 相与II电科 A 相发生跨线故障，且故障点可能较靠近线路中点。I电高线两侧保护动作三跳。II电高1由于 A 相已经分开，差动保护不动作，II电高2满足差动，保护跳三相（见图 5-93）。

177

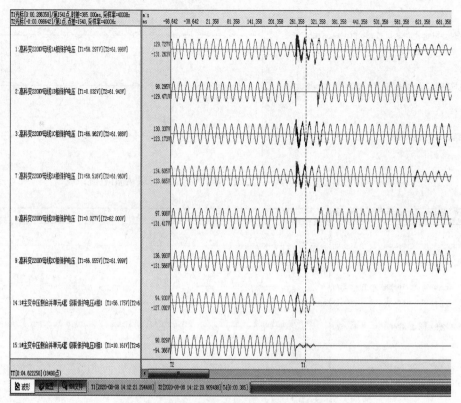

图 5-88　高科变电站电压、电流录波（一）

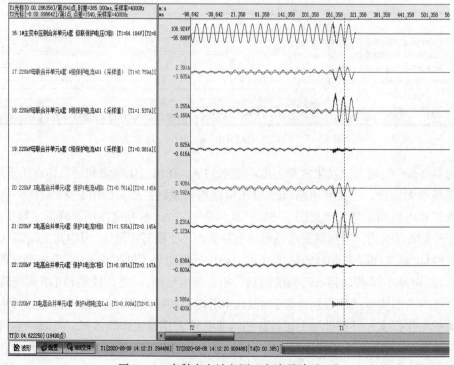

图 5-89　高科变电站电压、电流录波（二）

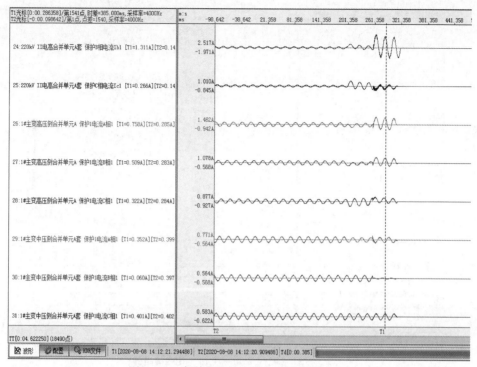

图 5-90 高科变电站电压、电流录波（三）

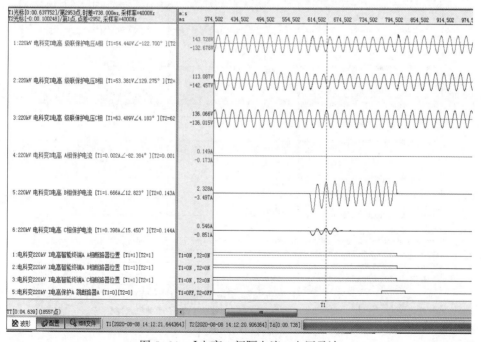

图 5-91 Ⅰ电高 1 间隔电流、电压录波

电科变电站Ⅱ电高 1 重合后，断路器 A 相重合于故障，保护加速动作跳开三相（见图 5-94）。

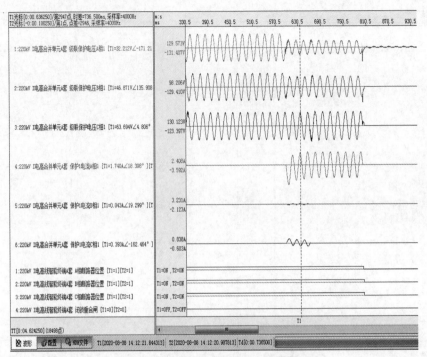

图 5-92 Ⅰ电高 2 间隔电流、电压录波

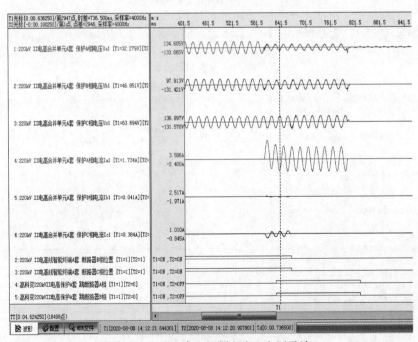

图 5-93 Ⅱ电高 2 间隔电流、电压录波

（5）事故结论。

1）Ⅱ电高线路 A 相断线。

2）Ⅱ电高线断口处电科变电站侧 A 相永久金属性接地短路。

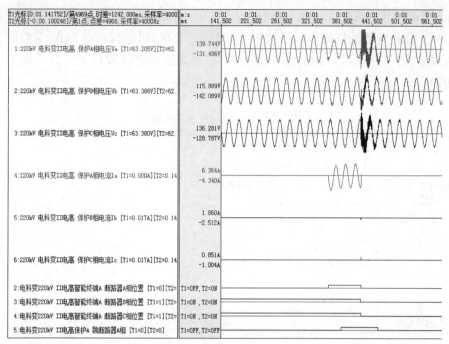

图 5-94 Ⅱ电高 1 电流、电压录波

3）高科变电站 1 号主变压器高 221 断路器与 TA 之间 B 相永久金属性接地短路。

4）Ⅱ电高线断口处高科变电站侧Ⅰ电高 B 相和Ⅱ电高 A 相跨线故障。

5）Ⅰ电高 1 间隔 TA 二次 A 相断线。

6）高科变电站高 220 母联 TA 极性接反。

7）Ⅱ电高 2 间隔 A 相跳闸回路故障。

8）高 220kV 母差保护跳高 221 与跳高 220 母联回路有缺陷。

5.2 继电保护竞赛案例分析

继电保护竞赛案例是在河南省电力系统保护与控制技术实验室进行模拟仿真，实验室搭建了 500kV 电科变电站、220kV 高科变电站两个模拟变电站，其中一次系统采用 DDRTS 电磁暂态仿真系统，一次系统断路器采用模拟断路器装置，变电站内合并单元、保护、智能终端使用实际装置，实验室内智能二次设备均采用单套配置。

案例 1：电高线发生短路故障

（1）事件过程。2020 年 9 月 1 日 15 时 38 分 54 秒 622 毫秒，保护启动。

160ms，1 电高 2 三相分位。

310ms，电 220 母联三相分位。

680ms，高科变电站三侧断路器分位。

（2）事件前后运行方式及断路器状态。500kV 电科变电站 220kV 为双母线接线，Ⅰ

电高 1、智能 1 线、智能 3 线在Ⅰ母运行；电 221、Ⅱ电高 1 在Ⅱ母运行，母联合位。

220kV 高科变电站母线为双母线接线，Ⅰ电高 2 在Ⅰ母运行；高 211、Ⅱ电高 2 在Ⅱ母，母联合位，主变压器接线方式 YNynd11。系统正常和故障后运行方式如图 5-95、图 5-96 所示。

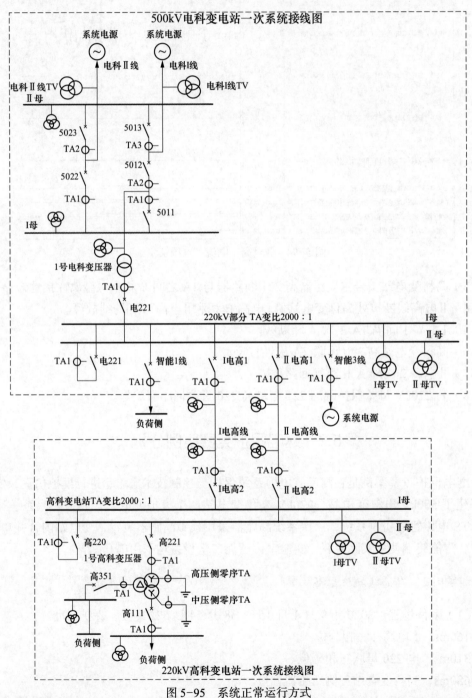

图 5-95 系统正常运行方式

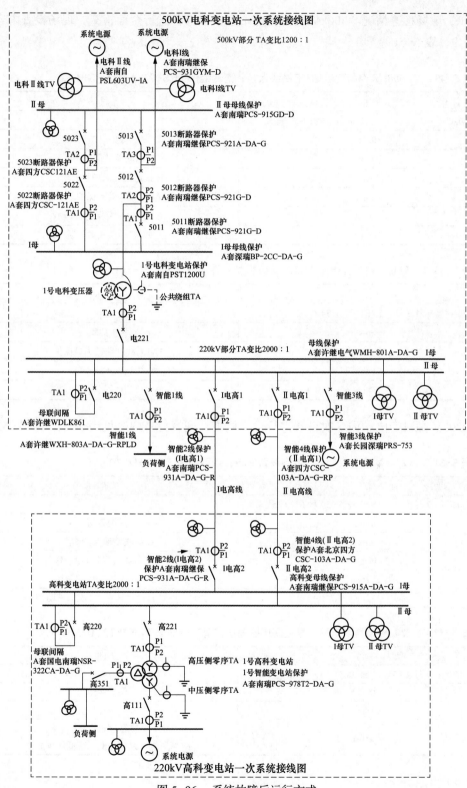

图 5-96 系统故障后运行方式

（3）现场检查情况。500kV 电科变电站内二次设备进行全面检查，现场检查内容见表 5-49、表 5-50。

表 5-49　　　500kV 电科变电站Ⅰ电高线保护：南瑞继保 PCS-931A-DA-G-R

时间	事件
2020 年 9 月 1 日　15 时 38 分 54 秒 622 毫秒	—
0ms	保护启动
9ms	B 纵联差动保护动作
21ms	B 接地距离保护 I 段动作
160ms	ABC 纵联差动保护动作
160ms	ABC 接地距离保护 I 段动作
160ms	ABC 单跳失败三跳

表 5-50　　　500kV 电科变电站 220kV 母线保护：许继电气 WMH-801A-DA-G

时间	事件
2020 年 9 月 1 日　15 时 38 分 54 秒 621 毫秒	—
0ms	保护启动
268ms	1 电高线断路器失灵保护
268ms	失灵保护跳母联
268ms	母联跳闸出口

220kV 高科变电站内二次设备进行全面检查，现场检查内容见表 5-51、表 5-52。

表 5-51　　　220kV 高科变电站Ⅰ电高线路保护：南瑞继保 PCS931A-DA-G-R

时间	事件
2020 年 9 月 1 日　15 时 38 分 54 秒 623 毫秒	—
0ms	保护启动
7ms	B 纵联差动保护动作
17ms	B 接地距离保护 I 段动作
112ms	ABC 纵联差动保护动作
112ms	ABC 接地距离保护 I 段保护动作

表 5-52　　　220kV 高科变电站 1 号主变压器保护：南瑞继保 PCS-978T2-DA-G

时间	事件
2020 年 9 月 1 日　15 时 38 分 54 秒 642 毫秒	—
0ms	保护启动
618ms	高间隙过电流
618ms	高零序过电压 跳高压侧、跳中压侧、跳低压 1 分支

（4）事故分析。

1）事故时序分析。故障发生时刻 2020 年 09 月 01 日 15 时 38 分 54 秒 621 毫秒。

综合两个变电站保护动作情况，根据时间轴法，按顺序进行排列分析，如图 5-97 所示。

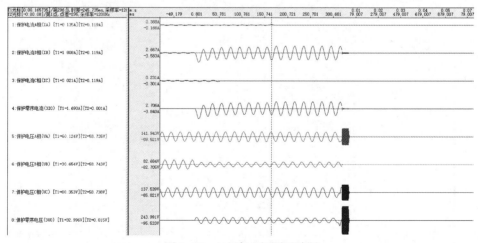

图 5-97 时间轴法

问题 1：说明该系统发生一次故障的绝对时间、位置、相别、类型。

问题 2：继电保护系统存在的缺陷。

问题 3：分析 I 电高线路两侧保护动作行为。

问题 4：分析电科变电站 220kV 母线保护动作行为。

问题 5：分析高科主变压器保护动作行为。

2）事故逻辑分析

① 分析该系统发生故障的位置和类型：2020 年 9 月 1 日 15 时 38 分 54 秒 621 毫秒，I 电高线路中点附近发生 B 相接地故障，录波图如图 5-98 所示。

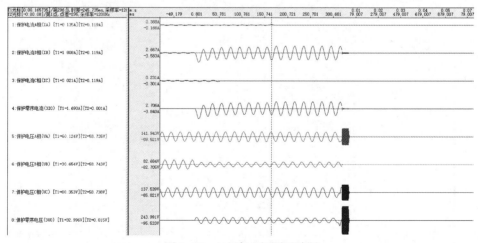

图 5-98 I 电高 1 间隔录波图

② 继电保护系统存在的缺陷如图 5-99～5-101 所示。

15	220kV I 电高1	合并单元检修	退	220kV I 电高1保护	纵联差动保护	投
		智能终端检修	退		距离保护	投
		保护检修	退		零序过电流保护	投
		智能终端跳闸出口A	投		停用重合闸	退
		智能终端跳闸出口B	投		SV接收	投
		智能终端跳闸出口C	投		跳闸发送软压板	退
		智能终端合闸出口	投		启失灵保护发送软压板	投
					闭锁重合闸	退
					重合闸	投

图 5-99　电科变电站 I 电高 1 跳闸出口 GOOSE 软压板未投

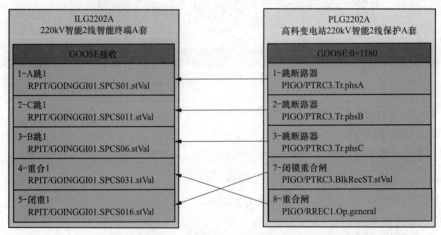

图 5-100　高科变电站 I 电高 2 线路保护与智能终端跳 B 与跳 C 相虚回路接反

图 5-101　高科变电站 1 号主变压器零序过电压定值误整定为 0.3S

③Ⅰ电高线路两侧保护动作行为分析。0ms，Ⅰ电高线路 B 相接地故障；10ms，Ⅰ电高 1 线路保护纵联差动动作跳 B 相、22ms 接地距离Ⅰ段动作跳 B 相，查看录波文件，发现电科变电站Ⅰ电高 1 断路器未跳开（查看全站软压板状态，发现Ⅰ电高 1GOOSE 出口软压板未投）；11ms，Ⅰ电高 1 启动 B 相断路器失灵；161ms，单跳失败三跳，断路器仍不能跳开，如图 5-102 所示。

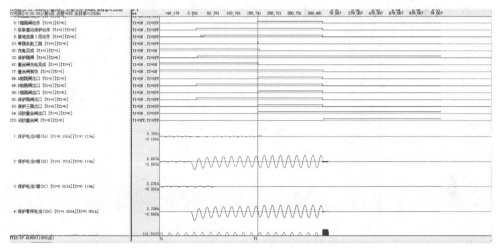

图 5-102　Ⅰ电高线断路器未能跳开

8ms，Ⅰ电高 2 线路纵联差动动作跳 B 相；22ms，接地距离Ⅰ段动作跳 B 相，查看录波文件；49ms，Ⅰ电高 2C 相断路器跳开（查看全站 SCD 文件，Ⅰ电高 2 线路保护与Ⅰ电高 2 智能终端跳 B 与跳 C 接反），Ⅰ电高 2 侧保护在 C 相 TWJ 返回 50ms 后判断路器非全相，此时 B 相仍有差流，线路保护判别非全相再故障；114ms，线路保护三跳出口；160ms 左右，跳开Ⅰ电高 2 三相，如图 5-103 所示。

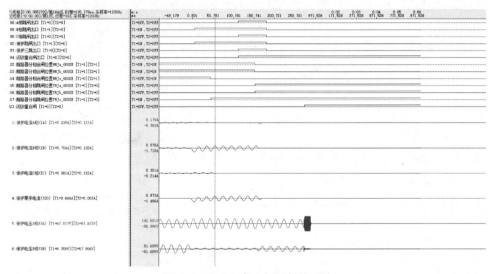

图 5-103　Ⅰ电高 2 间隔保护录波

④ 500kV 电科变电站 220kV 母线保护动作行为分析。11ms，Ⅰ电高 1 启动 B 相断路器失灵；13ms，母线保护收到失灵保护开入，此时Ⅰ、Ⅱ母失灵保护电压开放，经失灵 1 时限约 250ms，失灵保护跳母联，约 310ms 跳开电 220 母联三相断路器。电 220 母联跳开后，系统接地点失去，故障变为小电流接地系统单相接地故障，故障电流消失，失灵保护返回，如图 5-104 所示。

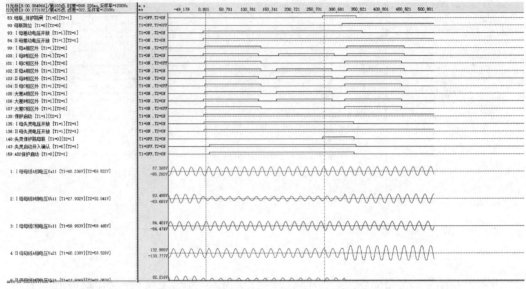

图 5-104　电科变电站 220kV 母线保护录波图

⑤ 220kV 高科主变压器保护动作行为分析。310ms，电 220 母联断路器跳开，此时系统断开了 500kV 电科变电站 1 号主变压器与智能 3 线电源系统，故障点由高科变电站 1 号主变压器经Ⅱ电高线、电科变电站 220kV 母线、Ⅰ电高 1 线带着故障点，由于高科变电站主变压器为不接地系统，电 220 母联断路器跳开后，高科变电站自产零序电压突然增大至约 170V。

持续约 300ms 后满足高科变电站 1 号主变压器高后备零序过电压动作（主变压器零序过电压时间误整定为 0.3s），跳主变压器三侧，680ms 跳开主变压器三侧断路器，故障切除。

（5）事故结论。

1）Ⅰ电高线路 B 相接地短路。

2）电科变电站Ⅰ电高 1 跳闸出口 GOOSE 软压板未投。

3）高科变电站Ⅰ电高 2 线路保护与智能终端跳 B 与跳 C 相虚回路接反。

4）高科变电站 1 号主变压器零序过压定值误整定为 0.3s。

案例 2：Ⅰ电高线、Ⅱ电高线发生短路故障，220kV 高科变电站母线发生短路故障

（1）事件过程。2021 年 10 月 12 日 17：48：04：011，保护启动。

69ms，Ⅱ电高 1、Ⅱ点高 2 断路器 A 相分位。

698ms，Ⅱ电高 1、Ⅱ点高 2 断路器三相分位。

876ms，高科变电站 220kV 母联断路器三相分位。

1158ms，Ⅱ电高 2 断路器三相合位。

（2）事件前后运行方式及开关状态。500kV 电科变电站 220kV 为双母线接线，Ⅰ电高 1、智能 1 线、智能 3 线在Ⅰ母运行；电 221、Ⅱ电高 1 在Ⅱ母运行，母联合位。

220kV 高科变电站母线为双母线接线，Ⅰ电高 2 在Ⅰ母运行；高 211、Ⅱ电高 2 在Ⅱ母，母联合位，主变压器接线方式 YNYnd11。系统故障前后运行方式如图 5-105、图 5-106 所示。

（3）现场检查情况。500kV 电科变电站内二次设备进行全面检查，现场检查内容见表 5-53、表 5-54。

表 5-53　　500kV 电科变电站Ⅰ电高线保护：南瑞继保 PCS-931A-DA-G-R

时间	事件
2021 年 10 月 12 日　17 时 48 分 04 秒 011 毫秒	—
0ms	保护启动
0ms	TA 断线

表 5-54　　500kV 电科变电站Ⅱ电高线保护：北京四方 CSC-103A-DA-G-RP

时间	事件
2021 年 10 月 12 日　17 时 48 分 04 秒 011 毫秒	—
5ms	保护启动
12ms	纵联差动保护动作
12ms	分相差动保护动作
95ms	单跳启动重合
594ms	重合闸动作
682ms	纵联差动保护动作、分相差动保护动作、闭锁重合闸
684ms	三跳闭锁重合闸
691ms	距离保护Ⅱ段加速动作、距离保护加速动作
735ms	零序保护加速动作

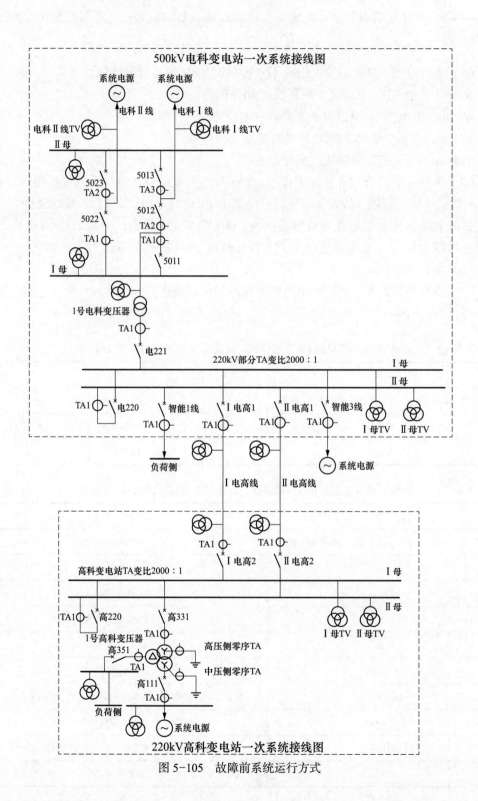

图 5-105　故障前系统运行方式

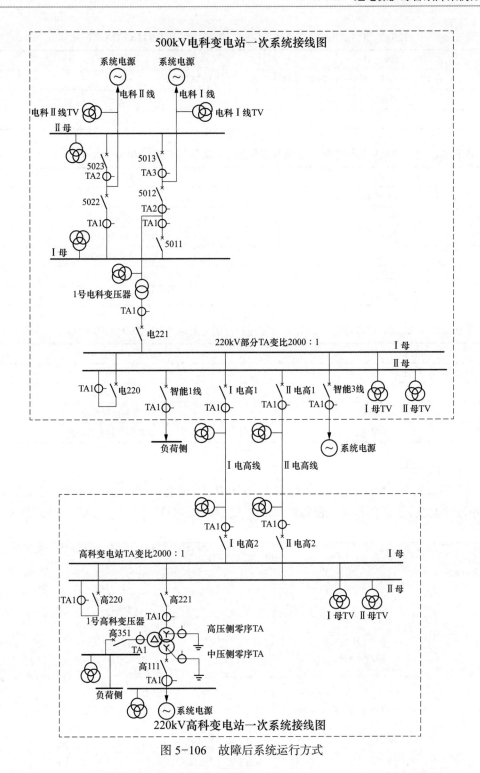

图 5-106 故障后系统运行方式

220kV 高科变电站内二次设备进行全面检查, 现场检查内容见表 5-55~表 5-57。

表 5-55　220kV 高科变电站 I 电高线路保护：南瑞继保 PCS931A-DA-G-R

时间	事件
2021 年 10 月 12 日　17 时 48 分 04 秒 011 毫秒	—
0ms	保护启动
0ms	TA 断线

表 5-56　220kV 高科变电站 I1 电高线保护：北京四方 CSC-103A-DA-G

时间	事件
2021 年 10 月 12 日　17 时 48 分 04 秒 006 毫秒	—
0ms	保护启动
14ms	纵联差动保护动作
14ms	分相差动保护动作
91ms	单跳启动重合
1093ms	重合闸动作

表 5-57　220kV 高科变电站 220kV 母线保护：国电南瑞 NSR-322CA-DA-G

时间	事件
2021 年 10 月 12 日　17 时 48 分 04 秒 673 毫秒	—
0ms	保护启动
0ms	差动保护启动
0143ms	差动保护跳母联 220

（4）事故分析。

1）事故时序分析。故障发生时刻 2021 年 10 月 12 日 17 时 48 分 04 秒 011 毫秒。综合两个变电站保护动作情况，根据时间轴法，按顺序进行排列分析，如图 5-107 所示。

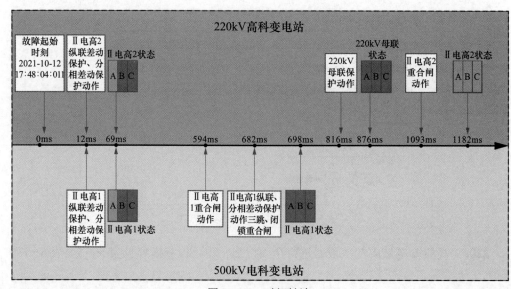

图 5-107　时间轴法

问题 1：说明该系统发生一次故障的绝对时间、位置、相别、类型。

问题 2：继电保护系统存在的缺陷。

问题 3：分析 I 电高线两侧保护动作行为。

问题 4：分析 II 电高线两侧保护动作行为。

问题 5：分析高科变电站母线保护动作行为。

2）事故逻辑分析。

① 分析该系统发生故障的位置和类型：

2021 年 10 月 12 日 17 时 48 分 04 秒 011 毫秒：I 电高线 C 相与 II 电高线 A 相发生跨线不接地故障。

2021 年 10 月 12 日 17 时 48 分 04 秒 810 毫秒：220kV 高科变电站 II 母母线发生 C 相接地故障。

② 继电保护系统存在的缺陷。

500kV 电科变电站 II 电高 1 线路保护单相重合闸时间整定错误为 0.5s。

220kV 高科变电站母联合并单元误投检修硬压板。

500kV 电科变电站 I 电高 1 B 相 TA 断线。

③ I 电高线两侧保护动作行为分析。I 电高线发生 B 相 TA 断线，I 电高线与 II 电高线发生跨线不接地故障，满足差动动作条件后需延时 150ms 跳闸，由于 II 电高线路保护差动保护动作跳开两侧断路器，I 电高线路保护两侧差流消失，未达到 I 电高线差动保护延时 150ms 时间要求，差动保护未动作，如图 5-108 所示。

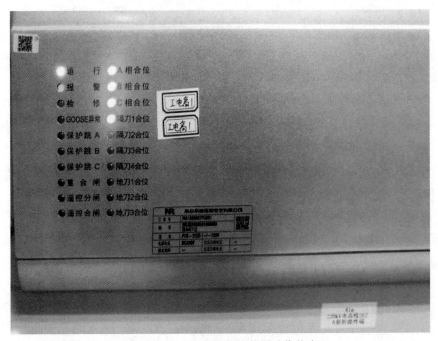

图 5-108　I 电高线保护装置动作状态

④Ⅱ电高线两侧保护动作行为分析。Ⅰ电高线 C 相与Ⅱ电高线 A 相发生跨线不接地故障，12ms Ⅱ电高线 1、Ⅱ电高 2 两侧线路保护纵联差动动作跳开 A 相，隔离跨线故障，95ms 单跳启动重合闸，594ms 重合闸动作（定值整定错误），重合于故障，682ms 纵联差动保护跳开 ABC 三相、691ms 距离Ⅱ段加速动作、距离加速动作。电科变电站定值单如图 5-109 所示。

单位	厂站名称	被保护设备		互感器	
	电科变	Ⅱ电高 1	CT: 2000/1		PT:
版本	V1.00L2	15. 接地距离Ⅰ段定值		12.54 Ω	
CRC码	67A7	16. 接地距离Ⅱ段定值		29.26 Ω	
设备参数定值		17. 接地距离Ⅱ段时间		1.5 s	
1. 定值区号	按规定整定	18. 接地距离Ⅲ段定值		39.02 Ω	
2. 被保护设备	0	19. 接地距离Ⅲ段时间		5 s	
3. CT一次额定值	2000 A	20. 相间距离Ⅰ段定值		12.54 Ω	
4. CT二次额定值	1 A	21. 相间距离Ⅱ段定值		29.26 Ω	
5. PT一次额定值	220 kV	22. 相间距离Ⅱ段时间		1.5 s	
6. 通道一类型		23. 相间距离Ⅲ段定值		39.02 Ω	
7. 通道二类型		24. 相间距离Ⅲ段时间		5 s	
保护定值		25. 负荷限制电阻定值		25 Ω	
1. 变化量启动电流定值	0.13 A	26. 零序过流Ⅰ段定值		18 A	
2. 零序启动电流定值	0.13 A	27. 零序过流Ⅱ段时间		3 s	
3. 差动作电流定值	0.30 A	28. 零序过流Ⅲ段定值		0.15 A	
4. 线路正序容抗值	580 Ω	29. 零序过流Ⅲ段时间		5.50 s	
5. 线路零序容抗值	840 Ω	30. 零序过流加速段定值		0.15 A	
6. 本侧电抗器阻抗定值	最大值	31. 单相重合闸时间		0.5 s	
7. 本侧小电抗器阻抗定值	最大值	32. 三相重合闸时间		10 s	
8. 本侧识别码	3333	33. 同期合闸角		40 °	
9. 对侧识别码	4444	34. CT断线后分相差动值		最大值	
10. 线路正序阻抗定值	19.51 Ω	35. 零序电抗补偿系数KX		0.70	
11. 线路正序灵敏角	79°	36. 零序电阻补偿系数KR		1.10	
12. 线路零序阻抗值	64.23 Ω	37. 振荡闭锁过流定值		0.63 A	
13. 线路零序灵敏角	76 °	38. 零序反时限电流定值		最大值	
14. 线路总长度	65.92 kM	39. 零序反时限时间		最大值	

图 5-109   电科变电站定值单

Ⅱ电高 2 线路保护 14ms 纵联差动动作跳开 A 相，隔离Ⅰ电高线与Ⅱ电高线 CA 跨线故障，91ms 单跳启动重合闸，Ⅱ电高 2 重合闸前，高科变电站母差保护跳开了高 220 母联开关，隔离了高科变电源，1093ms 重合闸动作，由于无故障电流，线路保护不动作，A 相重合闸成功，ABC 三相合位。

⑤高科变电站母线保护动作行为分析。2021 年 10 月 12 日 17 时 48 分 04 秒 810 毫秒 220kV 高科变电站Ⅱ母母线发生 C 相接地故障，在Ⅱ母发生 C 相接地故障后，由于母联合并单元投检修硬压板，母线保护瞬时跳开母联断路器，母联断路器跳开后，由于Ⅱ母无电源向故障点提供故障电流，母线差动保护不再跳Ⅱ母，如图 5-110 所示。

（5）事故结论。

1）Ⅰ电高线 C 相与Ⅱ电高线 A 相发生跨线不接地故障。

2）220kV 高科变电站Ⅱ母母线发生 C 相接地故障。

3）500kV 电科变电站Ⅱ电高 1 线路保护单相重合闸时间整定错误为 0.5s。

4）220kV 高科变电站母联合并单元误投检修硬压板。

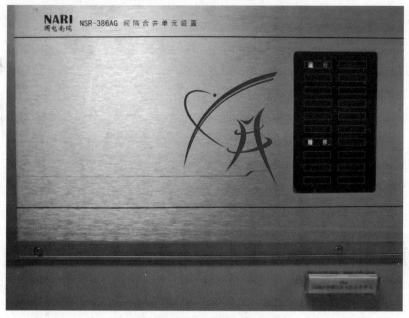

图 5-110　合并单元装置状态

案例 3：Ⅰ电高线断路器与 TA 之间、Ⅱ电高线断路器与 TA 之间发生死区故障

（1）事件过程。

2021 年 10 月 12 日 14 时 03 分 36 秒 772 毫秒，保护启动。

58ms，电科变电站 220kV 母联断路器三相分位。

64ms，智能 1 线、Ⅱ电高 1 断路器三相分位。

132ms，Ⅰ电高 1 断路器三相分位。

148ms，电科 1 主变压器 221 断路器三相分位。

328ms，高科变压器 220kV 母联断路器三相分位。

551ms，Ⅱ电高 2 断路器三相分位。

（2）事件前后运行方式及开关状态。

500kV 电科变压器 220kV 为双母线接线，Ⅰ电高 1、智能 1 线、智能 3 线在Ⅱ母运行；电 221、Ⅱ电高 1 在母运行，母联合位。

220kV 高科变电站母线为双母线接线，Ⅰ电高 2 在Ⅰ母运行；高 211、Ⅱ电高 2 在Ⅱ母，母联合位，主变压器接线方式 YNYnd11。系统故障前后运行方式如图 5-111、图 5-112 所示。

（3）现场检查情况。500kV 电科变电站内二次设备进行全面检查，现场检查内容见表 5-58～表 5-60。

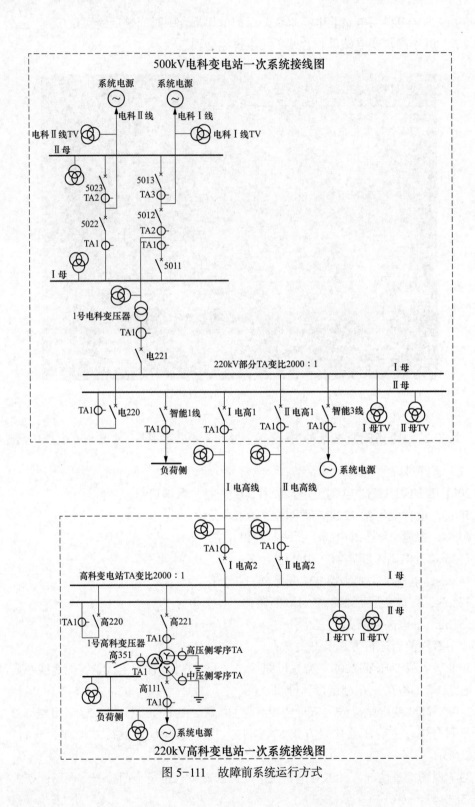

图 5-111　故障前系统运行方式

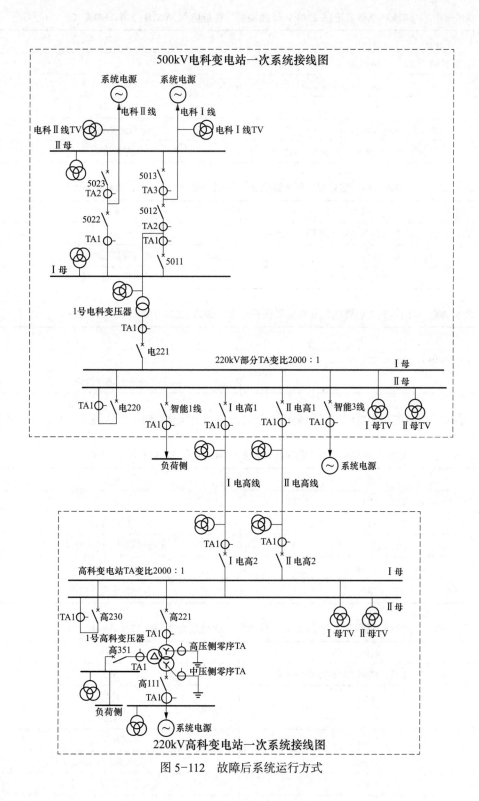

图 5-112 故障后系统运行方式

表 5-58　500kV 电科变电站 220kV 母线保护：许继电气 WMH-801A-DA-G

时间	事件
2021 年 10 月 12 日　14 时 03 分 36 秒 772 毫秒	—
0ms	保护启动
5ms	Ⅱ母线差动保护动作
92ms	Ⅰ母线差动保护动作
224ms	大差后备动作

表 5-59　500kV 电科变电站 I 电高线保护：南瑞继保 PCS-931A-DA-G-R

时间	事件
2021 年 10 月 12 日　14 时 03 分 36 秒 773 毫秒	—
0ms	保护启动
332ms	单相运行三跳

表 5-60　500kV 电科变电站 Ⅱ 电高线保护：北京四方 CSC-103A-DA-G-RP

时间	事件
2021 年 10 月 12 日　14 时 02 分 52 秒 897 毫秒	—
	光纤通道一故障

220kV 高科变电站内二次设备进行全面检查，现场检查内容见表 5-61、表 5-62。

表 5-61　220kV 高科变电站 I 电高线路保护：南瑞继保 PCS931A-DA-G-R

时间	事件
2021 年 10 月 12 日　14 时 03 分 36 秒 773 毫秒	—
0ms	保护启动
28ms	B 接地距离保护 Ⅰ 段动作
120ms	ABC 接地距离保护 Ⅰ 段动作
120ms	远方其他保护动作

表 5-62　220kV 高科变电站 220kV 母线保护：国电南瑞 NSR-322CA-DA-G

时间	事件
2021 年 10 月 12 日　14 时 03 分 36 秒 769 毫秒	—
0ms	保护启动
0ms	差动保护启动
38ms	失灵保护启动
287ms	失灵保护跳母联 220
507ms	变化量差动保护跳 Ⅰ 母
507ms	Ⅰ 母差动保护动作

续表

时间	事件
507ms	差动保护跳母联 220、主变压器 1、Ⅱ电高 2
525ms	稳态量差动保护跳Ⅰ母

（4）事故分析。

1）事故时序分析。故障发生时刻 2021 年 10 月 12 日 14 时 03 分 36 秒 772 毫秒。综合两个变电站保护动作情况，根据时间轴法，按顺序进行排列分析，如图 5-113 所示。

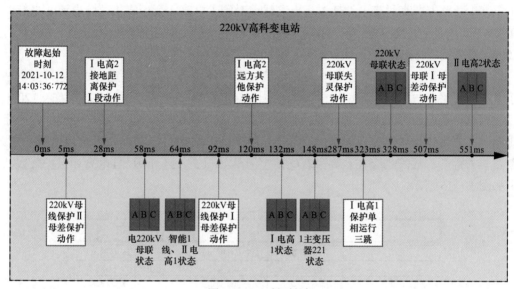

图 5-113　时间轴法

问题 1：说明该系统发生一次故障的绝对时间、位置、相别、类型。

问题 2：继电保护系统存在的缺陷。

问题 3：分析Ⅰ电高线两侧保护动作行为。

问题 4：分析Ⅱ电高线两侧保护动作行为。

问题 5：分析电科变电站保护 220kV 母线保护动作行为。

问题 6：分析高科变电站保护 220kV 母线保护动作行为。

2）事故逻辑分析。

①分析该系统发生故障的位置和类型。

2021 年 10 月 12 日 14 时 03 分 36 秒 772 毫秒在电科变电站Ⅰ电高 1 断路器与 TA 死区之间发生 B 相接地故障。

2021 年 10 月 12 日 14 时 03 分 37 秒 269 毫秒（距第一次故障 500ms）高科变电站Ⅱ电高 2 断路器与 TA 死区之间发生 C 相接地故障。

②继电保护系统存在的缺陷。

Ⅱ电高线纵联通道异常。

Ⅰ电高 2 零序补偿系数 K 错误整定为 2。

电科变电站 220kV 母线保护接收Ⅰ电高线智能终端 1G 与 2G 位置接反，电科变电站 220kV 母线保护接收Ⅱ电高线智能终端 1G 与 2G 位置接反。

高科变电站 1 号主变压器高压侧智能终端投检修硬压板。

电科变电站 220kV 母线保护接收 TV 合并单元Ⅰ母电压与Ⅱ母电压接反。

高科变电站Ⅰ电高 2 智能终端未投 ABC 跳闸出口。

③Ⅰ电高线两侧保护动作行为分析。

电科变电站Ⅰ电高 1 开关与 TA 之间发生 B 相接地故障，母差保护约 132ms 跳开Ⅰ电高 1 断路器，高科变电站通过Ⅰ电高线向对侧Ⅰ电高 1 死区提供故障电流，当有两相 TWJ 动作且对应相无流（＜0.06I_n）时，B 相仍有电流且零序电流大于 0.15I_n，延时 200ms 发单相运行三跳命令，Ⅰ电高 1 在 332ms 发单相运行三跳。

高科变电站Ⅰ电高 2 线路保护执行定值将零序补偿系数 K 误整定为 2，电科变电站Ⅰ电高 1 断路器与 TA 之间发生 B 相接地故障，28ms 接地距离Ⅰ段超范围动作，120ms 后收到电科变电站 220kV 母差保护远跳指令，重合闸放电，接地距离保护Ⅰ段补发三相跳闸，远方其他保护动作跳闸 ABC 三相，由于Ⅰ电高 2 智能终端 ABC 出口压板未投，断路器未跳开，故障仍存在。高科变电站定值单如图 5-114 所示。Ⅰ电高 2 保护装置状态如图 5-115 所示。

单位		厂站名称	被保护设备	互感器	
		高科变	Ⅰ电高 2	CT: 2000/1	PT:
版本	4.00	15. 线路总长度	65.92 kM	
CRC码	FB5D28CD	16. 接地距离Ⅰ段定值	12.54 Ω	
设备参数定值		17. 接地距离Ⅱ段定值	29.26 Ω	
1.定值区号	按规定整定	18. 接地距离Ⅱ段时间	1 s	
2.被保护设备	0	19. 接地距离Ⅲ段定值	39.02 Ω	
3.CT一次额定值	2000 A	20. 接地距离Ⅲ段时间	5 s	
4.CT二次额定值	1 A	21. 相间距离Ⅰ段定值	12.54 Ω	
5.PT一次额定值	220 kV	22. 相间距离Ⅱ段定值	29.26 Ω	
6.通道一类型	光纤	23. 相间距离Ⅱ段时间	1 s	
7.通道二类型	光纤	24. 相间距离Ⅲ段定值	39.02 Ω	
保护定值		25. 相间距离Ⅲ段时间	5 s	
1.变化量启动电流定值	0.13 A	26. 负荷限制电阻定值	25 Ω	
2.零序启动电流定值	0.13 A	27. 零序过流Ⅱ段定值	18 A	
3.差动动作电流定值	0.30 A	28. 零序过流Ⅱ段时间	3 s	
4.CT断线后分相差动定值	最大值	29. 零序过流Ⅲ段定值	0.15 A	
5.线路正序容抗定值	580 Ω	30. 零序过流Ⅲ段时间	5.50 s	
6.线路零序容抗定值	840 Ω	31. 零序过流加速段定值	0.15 A	
7.本侧电抗器阻抗定值	最大值	32. 单相重合闸时间	1 s	
8.本侧小电抗器阻抗定值	最大值	33. 三相合闸时间	10 s	
9.本侧识别码	2222	34. 同期合闸角	40 °	
10.对侧识别码	1111	35. 工频变化量阻抗	0.5	
11.线路正序阻抗定值	19.51 Ω	36. 零序补偿系数KZ	2	
12.线路正序灵敏角	79 °	37. 接地距离偏移角	0 °	
13.线路零序阻抗定值	64.23 Ω	38. 相间距离偏移角	0 °	
14.线路零序灵敏角	76 °	39.振荡闭锁过流	0.63 A	

图 5-114 高科变定值单

图 5-115　Ⅰ电高 2 保护装置状态

④Ⅱ电高线两侧保护动作行为分析。电科变电站Ⅰ电高 1 断路器与 TA 之间发生 B 相接地故障，母差保护约 5ms 跳开Ⅱ电高 1，由于Ⅱ电高线光纤通道异常，Ⅱ电高 2 未跳开，如图 5-116 所示。

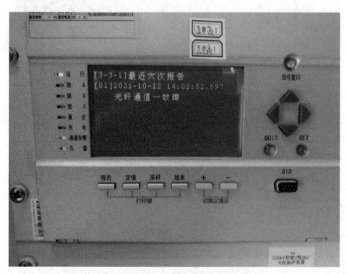

图 5-116　Ⅱ电高 1 保护装置状态

⑤电科变电站 220kV 母线保护动作行为分析。正常运行时，母线保护接收Ⅰ电高 1 间隔 1G 与 2G 接反、接收Ⅱ电高 1 间隔 1G 与 2G 接反，但因双回线电流相同，小差无差流，母线保护不报母联 TA 断线。

14 时 03 分 36 秒 772 毫秒在电科变电站Ⅰ电高 1 断路器与 TA 之间发生 B 相接地故障，Ⅱ母有差流，由于母联在合位，Ⅰ母电压闭锁开放（虚端子反），5ms Ⅱ母线差动保护动作，本应跳开电科变电站母联、智能 1 线、Ⅰ电高 1 断路器，由于母线保护误认为Ⅰ电高1挂在Ⅰ母，Ⅱ电高1挂在Ⅱ母，母差保护5ms时跳电220母联、智能1线以及Ⅱ电高1断路器，以上断路器跳开后，故障点仍存在，因Ⅰ电高1断路器未跳开，故障未隔离，Ⅰ电高1仍有电流，Ⅰ母差动（误计算Ⅰ电高线电流）保护仍感受到差流，由于母线保护接收TV合并单元Ⅰ母电压与Ⅱ母电压接反，Ⅱ母电压闭锁开放，92ms后Ⅰ母差动保护动作，跳母联、电221主变压器、Ⅰ电高1，并远跳Ⅰ电高2，但Ⅰ电高2断路器拒动。

⑥高科变电站220kV母线保护动作行为分析。Ⅰ电高2智能终端ABC跳闸出口未投，Ⅰ电高2线路保护接地距离Ⅰ段与远方跳闸未跳开断路器断路器，第一次故障发生约38ms启动Ⅰ电高2失灵保护，经失灵保护Ⅰ时限250ms母差保护跳母联220，在328ms跳开高220母联断路器，B相故障电源隔离，失灵保护返回；500msⅡ电高2断路器与TA之间发生C相接地故障，Ⅰ母差动保护动作，由于1号主变压器高压侧智能终端投检修硬压板，故1号主变压器间隔断路器未跳开，Ⅱ电高2断路器跳开后，故障点已隔离，由此推断第二次故障点在Ⅱ电高2断路器和TA之间死区，如图5-117所示。

图5-117   220kV主变压器高压侧智能终端装置状态

（5）事故结论。

1）电科变电站Ⅰ电高1断路器与TA死区之间发生B相接地故障。

2）高科变电站Ⅱ电高2断路器与TA死区之间发生C相接地故障。

3）Ⅱ电高线纵联通道异常。

4）Ⅰ电高2零序补偿系数K错误整定为2。

5）电科变电站220kV母线保护接收Ⅰ电高线智能终端1G与2G位置接反。电科变电站220kV母线保护接收Ⅱ电高线智能终端1G与2G位置接反。

6）高科变电站1号主变压器高压侧智能终端投检修硬压板。

7）电科变电站220kV母线保护接收TV合并单元Ⅰ母电压与Ⅱ母电压接反。

8）高科变电站Ⅰ电高2智能终端未投ABC跳闸出口。